# 模糊聚类算法及应用

蔡静颖　著

北　京
冶金工业出版社
2018

# 内容提要

本书主要针对模糊聚类算法中最经典的FCM算法进行了系统分析，并对原始算法进行了改进，将经典的FCM算法和改进的FCM算法应用于图像识别、数据聚类和软件测试等不同领域。全书共分7章，第1章介绍了聚类分析发展背景和基础概念；第2章介绍了模糊理论基础知识及模糊聚类分析的方法和应用；第3章介绍了模糊c－均值算法的理论知识和研究现状以及目前存在的问题；第4章介绍了马氏距离的基本原理和处理方法；第5章介绍了马氏距离在模糊聚类中的应用；第6章介绍了基于优化KPCA特征提取的FCM算法；第7章介绍了FCM算法在软件测试的等价类划分方法中的应用。

本书可供从事模式识别教学研究的师生、科研人员参考，也可供从事数据挖掘、图像识别、软件测试等工作的相关人员学习。

**图书在版编目(CIP)数据**

模糊聚类算法及应用/蔡静颖著.—北京：冶金工业出版社，2015.8（2018.8重印）

ISBN 978-7-5024-7015-9

Ⅰ.①模…　Ⅱ.①蔡…　Ⅲ.①聚类分析—算法　Ⅳ.①O212.4

中国版本图书馆CIP数据核字(2015)第191385号

出版人　谭学余

地　址　北京市东城区嵩祝院北巷39号　邮编　100009　电话　(010)64027926

网　址　www.cnmip.com.cn　电子信箱　yjcbs@cnmip.com.cn

责任编辑　夏小雪　美术编辑　彭子赫　版式设计　孙跃红

责任校对　郑　娟　责任印制　李玉山

ISBN 978-7-5024-7015-9

冶金工业出版社出版发行；各地新华书店经销；北京虎彩文化传播有限公司印刷

2015年8月第1版，2018年8月第2次印刷

148mm×210mm；4.375印张；129千字；131页

**27.00**元

**冶金工业出版社　投稿电话　(010)64027932　投稿信箱　tougao@cnmip.com.cn**

**冶金工业出版社营销中心　电话　(010)64044283　传真　(010)64027893**

**冶金书店　地址　北京市东四西大街46号(100010)　电话　(010)65289081(兼传真)**

**冶金工业出版社天猫旗舰店　yjgycbs.tmall.com**

# 前　言

数据库技术的不断发展及数据库管理系统的广泛应用使得各组织机构积累了海量数据，为了从中提取有用信息，更好地利用这些数据资源，人们提出了数据挖掘技术。数据挖掘技术将传统的数据分析方法与处理大量数据的复杂算法相结合，是目前信息领域和数据库技术的前沿研究课题。

聚类分析技术是数据挖掘的主要方法，它将数据划分成有意义或有用的组（簇），在众多的聚类分析算法中，模糊聚类算法是当前研究的热点。其中最受欢迎的是基于目标函数的模糊聚类方法，该方法把聚类归结成一个带约束的非线性规划问题，通过优化求解获得数据集的模糊划分和聚类。该方法设计简单，解决问题范围广，还可以转化为优化问题而借助经典数学的非线性规划理论求解，并易于在计算机上实现。因此，随着计算机的应用和发展，基于目标函数的模糊聚类算法成为新的研究热点。

在基于目标函数的聚类算法中，FCM 类型算法的理论最为完善、应用最为广泛。FCM 类型的算法最早是从“硬”聚类目标函数的优化中导出的。为了借助目标函数法求解聚类问题，人们利用均方逼近理论构造了带约束的非线性规划函数，从此类内平方误差和（Within - Groups Sum of Squared Error，WGSS）$J_1$ 成为聚类目标函数的普遍形式。为极小化该目标函数而采取 Pikard 迭代优化方案就是著名的硬 c - 均值（Hard c - means，HCM）算法。后来 Dunn 把 WGSS 函数 $J_1$ 扩展到 $J_2$，即类内加权平均误差和函数。Bezdek 又引入了一个参数 $m$，把 $J_2$ 推广到一个目标函数的无限簇，即形成了人们所熟知的 FCM 算法。从此，奠定了 FCM 算法在模糊聚类中的地位。

本书重点分析了 FCM 算法和马氏距离的基本原理，从而利用马氏距离的优点来弥补FCM算法中存在的缺陷，并从两个方面对FCM算法进行了改进。

首先，经典的模糊c－均值（FCM）算法是基于欧氏距离的，它只适用于球型结构的聚类，且在处理属性高相关的数据集时，分错率增加。针对这个问题，提出了一种新的聚类算法（FCM－M），它将马氏距离替代模糊c－均值中的欧氏距离，并在目标函数中引进一个协方差矩阵的调节因子，利用马氏距离的优点，有效地解决了FCM算法中的缺陷，并利用特征值、特征矢量及伪逆运算来解决马氏距离中遇到的奇异问题。

其次，经典的模糊c－均值算法认为样本矢量各特征对聚类结果贡献均匀，没有考虑不同的属性特征对模式分类的不同影响，且在处理属性高相关的数据集时，该算法分错率增加。针对这些问题，提出了一种基于马氏距离特征加权的模糊聚类算法，利用自适应马氏距离的优点对特征加权处理，从而对高属性相关的数据集进行更有效的分类。

本书还将FCM算法和KPCA方法结合，利用KPCA进行特征提取，然后利用FCM算法进行数据聚类分析。将FCM算法应用于软件测试中是作者未来研究的重点，本书主要介绍了将FCM算法应用于等价类划分方法中，每个应用在本书中都做了详尽介绍。

作者在编写本书过程中参考了大量同行著作及论文资料，在此向相关作者表示感谢！

本书的编写和出版得到牡丹江师范学院省级重点创新预研项目（NO. SY2014001）、牡丹江师范学院青年一般项目（NO. QY2014002）的支持。

由于作者学识有限，FCM算法在软件测试中的应用还处于研究初期，书中难免存在不足之处，恳请读者批评、指正。

著 者

2015年5月

# 目　录

# 1 绪 论

聚类是一种重要的数据分析技术，搜索并且识别一个有限的种类集合或簇集合，进而描述数据。聚类分析作为统计学的一个分支，已经被广泛研究了许多年，而且聚类分析也已经广泛地应用到诸多领域中，包括数据分析、模式识别、图像处理以及市场研究。通过聚类，人们能够识别密集的和稀疏的区域，近而发现全局的分布模式，以及数据属性之间的有趣的相互关系。在商务上，聚类能帮助市场分析人员从客户基本信息库中发现不同的客户群，并且用购买模式来刻画不同的客户群的特征。在生物学上，聚类能用于推导植物和动物的分类，对基因进行分类，获得对种群中固有结构的认识。聚类在地球观测数据库中相似地区的确定，汽车保险单持有者的分组，及根据房屋的类型、价值和地理位置对一个城市中房屋的分组上也可以发挥作用。聚类也能用于对 WEB 上的文档进行分类，以发现信息。

## 1.1 聚类分析的概述

聚类分析也称为无监督学习，或无教师学习，或无指导学习，因为和分类学习相比，聚类样本没有标记，需要由聚类学习算法来自动确定。聚类分析就是研究如何在没有训练的条件下把样本划分为若干类。

聚类（Clustering）是对物理的或抽象的样本集合分组的过程，是将数据划分成有意义或有用的组或子集，也称为簇。簇（Cluster）是数据样本的集合，聚类分析使得每个簇内部的样本之间的相关性比其他簇中样本之间的相关性更紧密，即簇内部的样本之间具有较高的相似度，而不同簇的样本之间具有较高的相异度。样本间的距离通常是描述样本间相似度的度量指标。

聚类分析作为数据挖掘的一个重要功能，聚类分析能作为一个独立的工具来获得数据的分布情况，观察每个类的特点，集中对某些特定的类做进一步的分析。此外，聚类分析也可以作为其他算法（如关联分析和分类）的预处理步骤，这些算法再在生成的类上进行处理，这样可以大大提高这些算法的执行效率。因此，聚类分析已经成为数据挖掘领域中一个非常活跃的研究课题，已经开发了许多有效的聚类算法，新的算法还在不断涌现。

聚类算法具有以下特点：

（1）处理不同字段类型的能力。算法要求能处理不同类型的字段的能力。目前很多聚类算法是处理数值型字段，但实际应用中也会出现要求对其他类型字段，如字符型字段的数据进行聚类。

（2）可伸缩的能力。数据挖掘（Data Mining）是在大型数据存储库中，自动地发觉有用信息的过程。数据挖掘技术用来探查大型数据库，发现先前未知的有用模式。所以数据挖掘主要是研究大型的数据库，因此可伸缩性是一个基本要求。可伸缩性是指算法能处理大数据量的数据库样本，例如 WEB 数据库中上亿条记录的数据库样本。这就要求算法的时间复杂度最好是多项式时间，时间复杂度不至于过高。目前的聚类算法在小数据集上都是有效的，但随着网络的发展，大型数据库得到广泛应用。现有的聚类算法在处理这些大型数据库数据时，结果可能出现错误或偏差。

（3）处理高维数据的能力。大型数据库一般都含有若干个维或属性。较早出现的聚类算法通常是解决低维的数据集，对于处理高维数据时准确率会降低。所以，针对高维数据的聚类算法是新的课题，尤其是在高维空间中，数据的分布通常是稀疏又倾斜的，而且形状也是无规则的。目前，已经出现了一些针对高维数据的聚类算法。

（4）发现任意簇形状的能力。大多数聚类算法是基于距离度量的，例如使用欧几里得距离的 K－均值算法。这一类算法所发现的聚类通常是一些球状，并且密度、大小相近的簇。但是，实际存在的数据集可能是任意形状的，并且密度、大小也不尽相同。因此，在实际应用中，聚类算法应具有发现任意簇形状的能力。

（5）处理异常数据的能力。数据集中经常包含异常数据，例如：缺失值、孤立点、未知的错误信息等。如果聚类算法对这些数据异常敏感，就会导致错误的聚类结果。所以，在处理孤立点时，需要尽量排除或降低孤立点对聚类结果的影响。但针对一些特殊应用，如商业欺诈的数据分析，又要求对数据的孤立点极其敏感。因此，这类的应用要求聚类算法在执行过程中，合理发现孤立点。目前，针对孤立点研究也出现了一些聚类算法。

（6）对输入参数的弱依赖性。大部分聚类算法都要求用户输入特定的参数，例如聚类数目。聚类分析的结果通常都对这些参数很敏感，参数的变化也可能导致变化很大的聚类结果产生。但是处理高维数据时，这些参数是很难确定的，参数的选取是用户的一个难题。因此，优秀的聚类算法应该具有对输入参数的弱依赖性。

（7）聚类结果的分析能力。最终面对用户的是聚类结果，所以一个好的聚类算法应该提供给用户一个易于理解、易于解释、易于分析应用的聚类结果。领域知识如何影响聚类分析算法的设计是很重要的一个研究方面。

## 1.2 聚类分析的基础概念

聚类分析的输入可以用一组有序对（$X$, $s$）或（$X$, $d$）表示，这里 $X$ 表示一组样本，$s$ 和 $d$ 分别是度量样本间相似度或相异度（距离）的标准。聚类系统输出时对数据的区分结果，即 $C=\{C_1, C_2, \cdots, C_k\}$，其中 $C_i(i=1, 2, \cdots, k)$ 是 $X$ 的子集，且满足如下条件：

$$C_1 \cup C_2 \cup \cdots \cup C_k = X$$

$$C_1 \cap C_2 = \Phi \quad (i \neq j)$$

$C$ 中的成员 $C_1$，$C_2$，…，$C_k$ 称为类或者簇。每一个类可以通过一些特征来描述。通常有如下几种表示方式：

（1）通过类的中心或类的边界点表示一个类。

（2）使用聚类树中的结点图形化地表示一个类。

（3）使用样本属性的逻辑表达式表示类。

用类的中心表示一个类是最常见的方式，当类是紧密的或各向分布同性时用这种方法非常好，然而，当类是伸长的或各向分布异性时，这种方式就不能正确地表示它们了。

### 1.2.1 聚类算法的主要类型

簇的集合通常称为聚类。聚类方法主要有以下几种类型：

（1）基于划分的聚类算法。对于一个给定的 $N$ 个样本或元组的数据集，采用目标函数最小化的策略，通过迭代将数据构造成 $K$ 个分组，每个划分块为一个簇，这就是划分方法。划分聚类（Partitional Clustering）简单地将数据对象集划分成不重叠的子集（簇），使得每个数据对象恰在一个子集中。对于给定的 $K$，算法首先给出一个初始的分组方法，以后通过反复迭代的方法改变分组，使得每一次改进之后的分组都较之前一次好。所谓的“好”的标准是同一分组中的记录越紧越好，而不同分组中的记录越远越好。划分方法满足两个条件：

1）每个分组至少包含一个样本。

2）每个样本比属于且仅属于某一个分组。

常见的基于划分的聚类算法有 K－均值方法、K－中心点方法和在这两种方法上的改进算法，如模糊 c－均值算法，这些算法在下一节会详细介绍。

（2）基于层次的聚类算法。如果允许簇具有子簇，则我们就会得到一个层次聚类（Hierarchical Clustering）。这实际上是将簇本身逐步分组，使得在每一层，组内聚类样本之间比不同组的样本之间更为相似。这种方法对给定的数据集进行层次的分解，直到某种条件满足为止。具体又可分为“自底向上”和“自顶向下”两种方案。

分层聚类技术可以从小到大分层次创建聚类，反映了将信息按不同程度总结和概括起来的一种方法。

层次聚类的过程可以组织成一棵树，除叶节点外，树中每一个节点（簇）都是其子女（子簇）的并，而树根是包含所有对象的簇。

层次聚类按数据分层建立簇，形成一棵以簇为节点的树，称为聚类图。如果按自底向上层次分解，则称为凝聚（Agglomerative）的层次聚类；如果按自顶向下层次分解，就称为分裂（Divisive）的层次聚类。每一层表示把数据划分为观测不相交的簇的特定分组。整个分层结构表示分组的一个有序序列。

1）凝聚：凝聚的曾经聚类采用自底向下的分层策略。它从底部开始，把每一个点作为一个单独的簇，有与记录数量一样多的簇，其中每一簇仅仅包含一条记录。在每一层递归地将两个选定的簇合并为一个簇，对簇进行适当合并，相互之间接近的簇合并在一起形成下一个较大的簇。重复地合并两个最靠近的簇，直到产生单个的、包含所有点的簇（即终止条件），该簇是在层次体系中位列最高层。其中某些技术可以用基于图的聚类解释，而另一些可以用基于原形的方法解释。

2）分裂：分裂的层次聚类采用自顶向下的策略，该策略正好是与凝聚聚类技术相反。分裂聚类技术开始时将所有样本置于同一个簇中，然后，试着将该簇分成更小的簇，在每一层递归地将当前层中的一个簇分裂为两个新簇，直到满足某个终止条件。选取分裂产生具有最大组相异度的两个新组。

在上述两种聚类技术中，凝聚聚类技术更常用来做聚类分析，根据其原理也产生了很多聚类算法。

（3）基于密度的聚类算法。通常聚类算法都是基于不同的距离的，这样的聚类算法只能局限于发现“类圆形”聚类，为了克服这样的缺点，出现了基于密度的聚类算法，它与其他的聚类算法的一个根本区别是：它不是基于各种各样的距离的，而是基于密度的。由于数据集中可能出现球形、线形、延展形等多种形状的簇，所以一个好的聚类算法，应具有能够发现任意形状簇的能力。基于密度的聚类算法的基本思想是，只要一个区域中的点的密度大过某个阈值，就把它加到与之相近的聚类中去。

基于密度的方法主要有两类，即基于连通性的算法，如 DBSCAN，DBCLASD 和基于密度函数的算法，如 DBNCLUE 等。

（4）基于网格的聚类算法。基于网格的聚类算法的基本思想是：首先将数据集划分成有限个单元的网格结构，所有的处理都是以单个单元为样本的。这样处理的一个明显的优势是处理速度很快，通常，它只与把数据划分成多少个单元有关，而与目标数据库中记录的个数无关。典型的基于网格的算法有：CLIQUE 算法、STING 算法等。

（5）基于模型的聚类算法。基于模型的聚类算法的目标是优化给定数据与某些数学模型之间的拟合。它给每一个聚类假定一个模型，然后去寻找能够很好地满足这个模型的数据集。基于模型的聚类方法主要分为统计学方法和神经网络方法等。

目前，基于统计学的聚类方法主要有 COBWEB 算法、CLASSIT 算法和 AutoClass 算法。

在神经网络方法中，每个簇被描述为一个样本。该算法主要包括竞争学习神经网络和自组织特征映射神经网络。神经网络的聚类算法的缺点是处理时间较长，具有较高的数据复杂性，较适于大型的数据库。

（6）基于图的聚类算法。如果数据用图表示，其中节点就是对象，而边代表对象之间的联系，则簇可以表示为连通分支，即互相连通但不与组外对象连通的对象组。基于图的簇中一个重要应用是基于邻近的簇，其中两个样本是相连的，在基于邻近的簇中，每个样本到该簇某个样本的距离比到簇中其他样本的距离更近。

### 1.2.2　聚类分析的相似度和相异度

相似度和相异度是聚类分析中两个重要的概念。

两个对象之间的相似度是这两个对象相似程度的数值度量。因而，两个对象越相似，它们之间的相似度就越高。通常，相似度的取值在 0（不相似）和 1（完全相似）之间取值。

两个对象的相异度是这两个对象差异程度的数值度量。对象越相似，它们的相异度就越低。通常，距离用作相异度的同义词。一般来说，相异度的取值在［0，1］之间，但有时也会在［0，∞］之间取值。

1.2.2.1　相似度

如果映射 $s: x \times y \to R$ 满足 $\forall i, j, h$：

(1) $s(X_i, X_j) \geqslant 0$；

(2) $s(X_i, X_j) = s(X_j, X_i)$；

(3) $s(X_i,X_j) \leqslant s(X_h,X_h)$;

(4) $s(X_i,X_j) = s(X_j,X_j)$;

则称 $s$ 为相似度。

常用的相似度测量为夹角余弦。设样本 $X_i$ 和 $X_j$ 之间的夹角为 $\theta(X_i, X_j)$，显然，$\theta(X_i, X_j) \in [0, +180]$。夹角余弦为：

$$\cos[\theta(X_i,X_j)] = \frac{\sum_{k=1}^{m} x_{ik}x_{jk}}{\left(\sum_{k=1}^{m} x_{ik}^2 \sum_{k=1}^{m} x_{jk}^2\right)^{\frac{1}{2}}}$$

显而易见，当角度为0时，夹角余弦为1（最大），其相似度为1（最相似）；夹角越大，其夹角余弦值越小，相似度也越小。

1.2.2.2 相异度

一个聚类分析过程的质量取决于对度量标准的选择，因此必须仔细选择度量标准。在通常情况下，聚类算法不是计算两个样本间的相似度，而是用特征空间中的距离作为度量标准来计算两个样本间的相异度。对于某个样本空间来说，距离的度量标准可以是度量的或半度量的，以便用来量化样本的相异度。相异度的度量用 $d(x, y)$ 来表示，通常称相异度为距离。当 $x$ 和 $y$ 相似时，距离 $d(x, y)$ 的取值很小；当 $x$ 和 $y$ 不相似时，$d(x, y)$ 就很大。

距离为相异度测量，距离为0时，相异度为0（最不相异）；距离越大，相异度越大。设 $d(X_i, X_j)$ 为样本 $X_i$ 和 $X_j$ 之间的距离。距离函数 $d(X_i, X_j)$ 应满足如下条件：

(1) $d(X_i, X_j)=0$，当且仅当 $X_i=X_j$；

(2) 非负性：$d(X_i, X_j) \geqslant 0$；

(3) 对称性：$d(X_i, X_j)=d(X_j, X_i)$；

(4) 三角不等式：$d(X_i, X_j) \leqslant d(X_i, X_k)+d(X_k, X_j)$。

最常用的距离度量方法有欧几里得距离、切比雪夫距离、明可夫斯基距离、马氏距离和余弦距离等。

(1) 欧几里得距离。欧几里得距离定义：

$$d(X_i,X_j) = \| X_i - X_j \|^2 = \left(\sum_{k=1}^{m} w_k | x_{ik} - x_{jk} |^2\right)^{\frac{1}{2}}$$

（2）切比雪夫距离。切比雪夫距离定义：

$$d(X_i,X_j) = \| X_i - X_j \|_\infty = \max_{k\in\{1,2\cdots,m\}} | x_{ik} - x_{jk} |$$

（3）马氏距离。马氏距离是一种有效的计算两个未知样本集的相似度的方法，它表示数据的协方差距离。与欧氏距离不同的是它考虑到各种特性之间的联系并且是尺度无关的（Scale - invariant），即独立于测量尺度。

设样本为 $(x_i, y_i) \in R^n \times R^1\ (i=1, 2, \cdots, m)$，共有 $m$ 个样本，$x_i$ 是 $n$ 维特征矢量，$y_i \in \{-1, 1\}$ 表示 $x_i$ 的类标号。令 $X$ 代表 $m \times n$ 的输入矩阵，每行为一个样本，则样本的均值、自相关矩阵和协方差矩阵可用矩阵表示为：

$$\mu = E\{X\} = X^T\left(\frac{1}{m}\right)_{m\times 1}$$

$$S = \left(\frac{1}{m}\right)X^T X, \Sigma = E\{(X-\mu)^T\} = \left(\frac{1}{m}\right)X^T X - \mu\mu^T$$

其中$\left(\frac{1}{m}\right)_{m\times 1}$代表元素均为$\frac{1}{m}$的 $m$ 维列矢量。样本 $x_i$ 到样本总体 $X$ 的马氏距离定义为：

$$d^2(x_i,X) = (x_i - \mu)^T \Sigma_i^{-1} (x_i - \mu)$$

## 1.3 聚类分析算法

聚类分析是一个活跃的研究领域，已经有大量的、经典的和流行的算法涌现。常用的聚类分析算法有基于划分的聚类算法、基于层次的聚类算法、基于密度的聚类算法、基于网格的聚类算法以及基于模型的聚类算法等。

### 1.3.1 聚类算法性能的衡量指标

通常情况下，对于同一个问题可以用几种不同的算法来解决，衡量算法性能主要从以下几方面进行衡量：

（1）可伸缩性。如果一个算法既适用于小型数据集合，又在大型数据库上进行聚类不会导致有偏差的结果，则称这个算法具有高度的可伸缩性。

（2）处理不同类型属性的能力。有的算法只能用来聚类数值型的数据，但是，在某些应用中要求聚类非数值型数据。

（3）发现任意形状的聚类。许多基于距离的算法只能发现具有相近尺度和密度的球状簇，而算法能否发现任意形状的簇很重要，如螺旋形。

（4）最少的参数和确定参数值的领域知识。许多聚类算法要求用户输入一定的参数，如希望产生的簇的数目。聚类结果对输入参数十分敏感，输入参数又给用户增加了负担，因此应尽量避免。

（5）处理噪声数据的能力。多数数据库中都包含孤立点、空缺、未知数据或错误的数据，算法应尽量降低这些数据的影响。

（6）对于输入记录的顺序不敏感。算法能否与集合的输入顺序无关。

（7）高维性。算法在应付低维数据的同时能否处理高维数据。例如，高维空间的非常稀疏、高度偏斜的数据。

（8）基于约束的聚类。现实世界的应用可能需要在各种约束条件下进行聚类。

（9）可解释性和可用性。用户希望聚类结果是可解释的、可理解的和可用的。

### 1.3.2 基于划分的聚类算法

给定一个有 $n$ 个对象的数据集，划分聚类技术将构造数据划分 $k$ 个，每一个划分就代表一个簇，$k \leq n$。也就是说，它将数据划分为 $k$ 个簇，而且这 $k$ 个划分满足下列条件：

（1）每一个簇至少包含一个对象。

（2）每一个对象属于且仅属于一个簇。

对于给定的 $k$，算法首先给出一个初始的划分方法，以后通过反复迭代的方法改变划分，使得每一次改进之后的划分方案都较前一次更好。所谓好的标准就是：同一簇中的对象越近越好，而不同簇中的对象越远越好。目标是最小化所有对象与其参照点之间的相异度之和。

（1）K－Means 算法。该算法首先随机地选择 $k$ 个对象，每个对象初始地代表了一个类的平均值或中心，对剩余的每个对象，根据其与各个类中心的距离，将它赋给最近的类，然后重新计算每个类的平均值。这个过程不断重复，直到准则函数收敛，这个算法经常以局部最优结束。

算法以 $k$ 为参数，把 $n$ 个对象分为 $k$ 个簇，以使簇内具有较高的相似度。相似度的计算根据一个簇中对象的平均值来进行。

K - Means 算法描述如下：

1）选择 $k$ 个点作为初始质心。

2）重复以下操作。

3）将每个点指派到最近的质心，形成 $k$ 个簇。

4）重新计算每个簇的质心。

5）直到质心不发生变化。

K - Means 算法是解决聚类问题的一种经典算法，这种算法简单、快速。K - Means 算法对应的复杂度为 $O(nkt)$。其中，$n$ 是所有对象的数目，$k$ 是类的数目，$t$ 是迭代的次数，通常 $k \ll n$ 且 $t \ll n$。对于处理大数据集，该算法具有相对可伸缩性和较高效率，主要是因为其复杂度可以认为是 $O(n)$。它的局限性在于只有在簇的平均值被定义的情况下才能使用，而且不适合发现非凸面形状的类，或者大小差别很大的类，并且对噪声和孤立点数据是敏感的，少量的该类数据能够对平均值产生极大影响。

（2）K - Medoids 算法。该算法首先为每个类随机选择一个代表对象，剩余的对象根据其与代表对象的距离分配到最近的一个类中；然后反复地用非代表对象替代代表对象，以改进聚类的质量。K - Medoids 算法的执行代价比 K - Means 算法要高，而且执行前必须有用户指定结果类的数目 $k$ 作为输入，但是相对于 K - Means 算法，它受噪声和孤立点数据的影响要小。

K - Means 和 K - Medoids 算法在复杂度上有相对的优势，而且算法简单，但是都对噪声和孤立点数据的处理效果不好，而且都需要用户指定最后结果类的数目，扩展性差。在入侵检测中，由于获取的原始数据，既无法确定能分成多少个类型，又不知道有多少攻击种类，而且在原始数据中，由于获取的原因或者数据本身的原因，可能存在噪声和孤立点，因此这两个算法并不能很好的应用到入侵检测中。目前有很多基于此的改进型算法，它们从某些方面能有一定的改善，但是还是有很多不可避免的问题。

### 1.3.3 基于层次的聚类算法

层次聚类技术是第二类重要的聚类方法，它对给定的数据集进行层次的分解，直到某种条件满足为止。其具体又可分为凝聚的、分裂的两种方案：

（1）凝聚的层次聚类是一种自底向上的策略，首先将每个对象作为一个簇，然后合并这些原子簇为越来越大的簇，直到所有的对象都在一个簇中，或者某个终结条件被满足。绝大多数层次聚类方法属于这一类，它们只是在簇间相似度的定义上有所不同。

（2）分裂的层次聚类与凝聚的层次聚类相反，采用自顶向下的策略，它首先将所有对象置于一个簇中，然后逐渐细分为越来越小的簇，直到每个对象自成一簇，或者达到了某个终结条件。

到目前为止，凝聚层次聚类技术是最常见的。层次聚类常常使用一种称作树状图的类似于树的图显示。该图显示簇与子簇联系和簇合并（凝聚）或分裂的次序。

基于凝聚层次聚类算法描述如下：

（1）如果需要，计算邻近度矩阵。

（2）重复以下操作。

（3）合并最接近的两个簇。

（4）更新邻近性矩阵，以反映新的簇与原来的簇之间的邻近性。

（5）直到仅剩下一个簇。

层次聚类方法简单，但是对类进行了合并或者分裂之后，下一步的处理将在新的类上进行。如果发现前一步的操作不合适，将不能进行撤销处理。因此，如果某一步没有做出很好的合并或者分裂，很可能导致低质量的聚类结果。这类方法不具有很好的可伸缩性，因为合并或分裂的决定需要检查和估算大量的对象或者类。纯粹的层次聚类方法没有很好的应用，一般的层次聚类算法都是与其他的聚类技术相结合而形成多阶段聚类，目前多数算法都是基于此的。

下面我们介绍两个改进的层次聚类方法 BIRTH 和 CURE 算法。

（1）BIRCH 算法。BIRCH（利用层次方法的平衡迭代归约和聚类）是一个综合的层次聚类方法，它用聚类特征和聚类特征树（CF）来概括聚类描述。该算法通过聚类特征可以方便地进行中心、半径、直径及类内、类间距离的运算。CF 树是一个具有两个参数分支因子 $B$ 和阈值 $T$ 的高度平衡树，它存储了层次聚类的聚类特征。分支因子定义了每个非叶节点的最大数目，而阈值给出了存储在树的叶子节点中的子聚类的最大直径。

BIRCH 算法的工作过程包括两个阶段：

1）BIRCH 扫描数据库，建立一个初始存放于内存的 CF 树，它可以被当成是数据的多层压缩，试图保留数据内在的聚类结构。随着对象的插入，CF 树被动态地构造，不要求所有的数据读入内存，而可在外存上逐个读入数据项。因此，BIRTH 方法对增量或动态聚类也非常有效。

2）BIRCH 采用某个聚类算法对 CF 树的叶节点进行聚类。在这个阶段可以执行任何聚类算法，例如典型的划分方法。

BIRCH 算法试图利用可用的资源来生成最好的聚类结果。通过一次扫描就可以进行较好的聚类，故该算法复杂度为 $O(n)$，$n$ 是对象的数目。BIRCH 算法具有对对象数据的线性伸缩性，但是它所形成类是球形的。

（2）CURE 算法。很多聚类算法只擅长处理球形或相似大小的聚类，另外有些聚类算法对孤立点比较敏感。CURE 算法解决了上述两方面的问题，选择基于质心和基于代表对象方法之间的中间策略，即选择空间中固定数目的具有代表性的点，而不是用单个中心或对象来代表一个簇。该算法首先把每个数据点看成一个簇，然后再以一个特定的收缩因子向簇中心“收缩”它们，即合并两个距离最近的代表点的簇。

CURE 算法采用随机取样和划分两种方法的组合，具体步骤如下：

1）从源数据集中抽取一个随机样本。

2）为了加速聚类，把样本划分成 $p$ 份，每份大小相等。

3）对每个划分局部地聚类。

4）根据局部聚类结果，对随机取样进行孤立点剔除。其主要有两种措施：如果一个簇增长得太慢，就去掉它；在聚类结束的时候，非常小的类被剔除。

5）对上一步中产生的局部的簇进一步聚类。落在每个新形成的簇中的代表点根据用户定义的一个收缩因子 $\alpha$ 收缩或向簇中心移动。这些点代表和捕捉到了簇的形状。

6）用相应的簇标签来标记数据。

由于它回避了用所有点或单个质心来表示一个簇的传统方法，将一个簇用多个代表点来表示，使 CURE 可以适应非球形的几何形状。另外，收缩因子降低了噪声对聚类的影响，从而使 CURE 对独立点的处理更加健壮，而且能识别非球形和大小变化比较大的簇。算法的复杂度为 $O(n)$，$n$ 是对象的数目；但是不能自适应的确定参数，参数设置对聚类结果有显著的影响。

### 1.3.4　基于密度的聚类算法

基于密度的聚类方法的主要思想是只要一个区域中的点的密度大于某个域值，就把它加到与之相近的聚类中去。也就是说，对给定类中的每个数据点，在一个给定范围的区域中必须至少包含一定数目的点。这类算法能克服基于距离的算法只能发现"类圆形"聚类的缺点，可发现任意形状的聚类，且对噪声数据不敏感。但计算密度单元的计算复杂度大，需要建立空间索引来降低计算量，且对数据维数的伸缩性较差。这类方法需要扫描整个数据库，每个数据对象都可能引起一次查询，因此当数据量大时会造成频繁的 I/O 操作。代表算法有：DBSCAN、OPTICS、DENCLUE 算法等。

（1）DBSCAN 算法。DBSCAN 是一个比较有代表性的基于密度的聚类算法，它是基于高密度连接区域的，并根据一个密度的闭值来控制类的增长。与划分和层次聚类方法不同，它将簇定义为密度相连的点的最大集合，能够把具有足够高密度的区域划分为簇，并可在有噪声的空间数据库中发现任意形状的聚类。该算法对参数的设置敏感，如果采用空间索引，计算的复杂度为 $O(n\log n)$，这里 $n$

是对象的数目，否则计算复杂度为 $O(n^2)$。

DBSCAN 算法描述如下：

1）将所有点标记为核心点、边界点或噪声点。

2）删除噪声点。

3）为距离在界限值之内的所有核心点之间赋予一条边。

4）每组连通的核心点形成一个簇。

5）将每个边界点指派到一个与之关联的核心点的簇中。

（2）OPTICS 算法。OPTICS 类似于 DBSCAN 算法，但是没有显示产生一个数据集合类，它为自动和交互的聚类分析计算一个簇次序，次序代表了数据的密度的聚类结构。它包含的信息，等同于从一个宽广的参数设置范围所获得的基于密度的聚类。它通过引入核心距离和可达距离，使得聚类算法对输入的参数不敏感。该算法的复杂度和 DBSCAN 算法一样，但是对于高维数据集合分布不均匀有较好的解决办法。基于密度的方法，在发现任意形状的聚类上很适合于入侵检测，但是某些性能还不是很好，例如算法的执行速度、参数的影响等，但可以在此基础上进行改进。

### 1.3.5 基于网格的聚类算法

网格是一种组织数据集的有效方法，至少在低维空间如此。其基本思想是，将每个属性可能值分割成许多相邻的区间，创建网格单元的集合。每个对象落入一个网格单元，网格单元对应的属性区间包含该对象的值。扫描一遍数据就可以把对象指派到网格单元中，并且还可以同时收集关于每个单元的信息，如单元中的点数。

基于网格的聚类算法描述如下：

（1）定义一个网格单元集。

（2）将对象指派到合适的单元，并计算每个单元的密度。

（3）删除密度低于知道的阈值的单元。

（4）由邻近的稠密单元组成簇。

其常用算法有：STING、CLIQUE 算法。

（1）STING 算法。STING 是一种基于网格的多分辨率聚类技术，它将空间区域划分为矩形单元。针对不同级别的分辨率，通常存在不同级别的巨型矩阵单元，这些单元形成了一个层次结构：高层的每个单元被划分为多个低一层的单元，每个网格断语属性的统计信息被预先计算和存储，这些统计参数将用于查询处理。STING 算法中由于存储在每个单元中的统计信息提供了单元中的数据不依赖于查询的汇总信息，因而计算是独立于查询的。

STING 算法采用了一种多分辨率的方法来进行聚类分析，该聚类算法的质量取决于网格结构最底层的粒度。如果粒度比较细，处理的代价会显著增加；但如果粒度较粗，则聚类质量会受到影响。该算法的主要优点是效率高，通过对数据集的一次扫描来计算单元的统计信息，因此产生聚类的时间复杂度是 $O(n)$。在建立层次结构以后，查询的时间复杂度是 $O(g)$，$g \ll n$。此外，STING 算法并行采用网格结构，有利于并行处理和增量更新。

（2）CLIQUE 算法。基于网格的另一个常用的算法是 CLIQUE，它综合了基于密度和基于网格的聚类算法，对大型数据库中的高维数据的聚类非常有效。其主要思想是给定一个多维数据点的大集合，通常数据点在数据空间中分布不均衡。CLIQUE 区分空间中稀疏和密集区域，以发现数据集合的全局分布模式。如果一个区域中包含数据点超过了某一输入模型参数，则该区域是密集的。在 CLIQUE 中，类定义为相连的密集区域的最大集合。CLIQUE 能自动发现高维的子空间，高密度聚类存在于这些子空间中。该算法对元组的输入顺序也不敏感，无需假设任何规范的数据分布，当数据增加时具有良好的可伸缩性，但是其结果的精确性和算法的时间复杂度严格成反比。

### 1.3.6 基于模型的聚类算法

基于模型的聚类算法试图优化给定的数据和某些数据模型之间的适应性。这类算法经常是基于这样的假设，即数据是根据潜在的概率分布生成的。基于模型的算法主要包括统计学类方法和神经网络类方法。如概念聚类，通过一组未标记的对象，能够产生该对象的一个分类模式。与传统的聚类不同，概念聚类除了确定相似对象的分布外，还为每组对象发现了特征描述，即每组对象代表了一个概念或者类。概念聚类的处理过程是首先进行聚类，然后给出特征描述。聚类质量不再只是单个对象的函数，而且加入了如导出的概念描述的简单性和一般性等因素。

一个基于模型的算法可能通过构建反映数据点空间分布的密度函数来定位聚类。它也基于标准的统计数字来自动决定聚类的数目，同时考虑噪声数据和孤立点，从而产生健壮的聚类算法。最常用的是 SOM 神经网络算法。SOM 类似于大脑的信息处理过程，对二维或三维的可视是非常有效的。SOM 网络的最大局限性是，当学习模式较少时，网络的聚类效果取决于输入模式的先后顺序，且网络连接权向量的初始状态对网络的收敛性能有很大影响。

## 1.4 聚类分析算法面临的问题

聚类是一种重要的数据分析技术，搜索并且识别一个有限的种类集合或簇集合，进而描述数据。聚类分析作为统计学的一个分支，已经被研究了许多年，而且聚类分析也已经广泛地应用到诸多领域中，包括数据分析、模式识别、图像处理以及市场研究。通过聚类，人们能够识别密集的和稀疏的区域，近而发现全局的分布模式，以及数据属性之间的有趣的相互关系。在商务上，聚类能帮助市场分析人员从客户基本信息库中发现不同的客户群，并且用购买模式来刻画不同的客户群的特征。在生物学上，聚类能用于推导植物和动物的分类，对基因进行分类，获得对种群中固有结构的认识。聚类在地球观测数据库中相似地区的确定，汽车保险单持有者的分组，及根据房屋的类型、价值和地理位置对一个城市中房屋的分组上也可以发挥作用。聚类也能用于对 WEB 上的文档进行分类，以发现信息。

作为数据挖掘的一个重要功能，聚类分析能作为一个独立的工具来获得数据的分布情况，观察每个类的特点，集中对某些特定的类做进一步的分析。此外，聚类分析也可以作为其他算法（如关联分析和分类）的预处理步骤，这些算法再在生成的类上进行处理，这样可以大大提高这些算法的执行效率。因此，聚类分析已经成为数据挖掘领域中一个非常活跃的研究课题，已经开发了许多有效的聚类算法，新的算法还在不断涌现。

如何在具体应用选择何种聚类算法是一个实际问题，需要考虑以下各种因素，从而对于特定的聚类任务，选取适合的聚类算法。

（1）聚类类型。算法产生的聚类类型与预期使用是否匹配是选取算法的一个重要因素。对于一些如创建生物学分类法等应用，层次是首选；对于旨在汇总的聚类，划分聚类算法是普遍选择。

（2）簇的类型。簇的类型与实际应用要求匹配。应用中经常遇到的簇类型有：基于原形的、基于图的和基于密度的三种。基于原形的聚类方案以及某些基于图的聚类方案趋向于产生全局簇，其中每个对象都与簇的原形或簇中其他对象足够靠近。基于密度的聚类技术和某些基于图的聚类技术趋向于产生非全局簇。

（3）簇的特征。如果我们想在原数据空间的子空间中发现簇，则必须选择如 CLIQUE 这样的算法，显式寻找簇；如果我们对强化簇之间的空间联系感兴趣，则 SOM 方法更好。因此，簇的一些特征，如处理形状、大小和密度变化等，不同聚类算法的处理能力也不相同。

（4）噪声和孤立点。噪声和孤立点也是数据中非常重要的方面，用户经常要考虑数据中的噪声和孤立点的分析。例如，如果我们使用聚类将一个区域划分成人口密度不同的区域，则不应该选择如 DBSCAN 这样的基于密度的聚类算法；基于层次的聚类算法如 CURE 经常会丢弃增长缓慢的点簇，这样的簇趋向于代表孤立点。

（5）属性个数。属性的个数也直接影响聚类算法的选择，在低维和适度维上运行良好的算法可能不适合在高维数据上使用。

（6）算法考虑。算法也有许多要考虑的方面。如算法是非确定性的还是次序依赖的？算法能自动确定簇的个数吗？许多聚类算法都是通过最优化目标函数来解决问题，但是，该目标是否与应用目标匹配？因此，在实际聚类应用中，算法也是用户要实际考虑的问题。

## 1.5 本章小结

本章简要介绍了聚类分析技术中的基本概念和基本原理，深入细致地研究了各种聚类分析算法，并分析比较了各种算法的优缺点和适用范围。聚类分析算法在广泛的领域扮演着重要角色，如心理学、社会科学、生物学、统计学、模式识别、信息检索、机器学习和数据挖掘，在各个领域，针对不同的应用类型，已经开发了大量聚类算法，在这些算法中还没有一种算法能够适应所有的数据类型、簇和应用。事实上，对于更加有效或者更适合特定数据类型、簇和应用的新的聚类算法，总是有进一步的开发空间，未来随着网络的发展，大型数据库的实际需要，会出现更多更新的聚类算法。

# 2 模糊理论基础

19 世纪末，德国数学家 G. Cantor 首创集合论，并迅速渗透到各个数学分支，对于数学基础的奠定做出了重大贡献。1965 年，美国计算机与控制论专家 L. A. Zadeh 第一次提出了模糊（Fuzzy）集的概念。对传统的集合理论进行了进一步补充，迄今为止已经形成了一个较为系统的数学分支，模糊集思想也被应用于各种领域，特别是人工智能、数据挖掘方面，都取得了很好的经济效益。模糊理论（Fuzzy Theory）是建立在模糊集合基础之上的，是描述和处理人类语言中所特有的模糊信息的理论。它的主要概念包括模糊集合（Fuzzy Sets）、隶属度函数（Membership Function）、模糊算子（Fuzzy Operator）、模糊关系（Fuzzy Relation）等。

## 2.1 模糊集的定义和表示方法

模糊集的概念是由经典集合发展而来的，因此我们先介绍普通集合，然后再介绍模糊集合的理论。

### 2.1.1 模糊集的定义

2.1.1.1 普通集合及其关系与运算

**定义**：给定论域 $X$ 和某一性质或属性 $P$，$X$ 中满足性质 $P$ 的所有元素所组成的全体叫做集合（Sets），简称集。

集合的基本描述方法有表达式描述法和列举法两种，集合的关系有包含、子集、集合相等，一个集合中的元素具有下列特征：

（1）确定性：任何一个元素要么是这个集合的元素，要么不是这个集合的元素。两者必居其一。

（2）互异性：集合中的元素是不能重复出现的。

（3）无序性：集合中的元素相互交换次序之后，所得的集合与原来的集合是相同的。

常用的集合表示方法有如下三种形式：

（1）列举法（枚举法）：对于有限集，可以将所有的元素一一列出，并用大括号括起来表示。

（2）描述法（定义法）：对于无限集，由于元素数目无限，可通过元素的定义来描述集合。

（3）特征函数法：特征函数法是指用解析形式描述元素属于集合的程度。

2.1.1.2　模糊集合的概念与模糊关系的性质

在经典集合论中，论域 $X$ 中的某一元素 $x$，要么 $x$ 完全属于某个集合 $A$，即 $\mu(x)=1$；要么完全不属于 $A$，即 $\mu(x)=0$，二者必居其一，元素间的分类具有截然分明的分界。从这个意义上说，普通集合又称为“硬集”（Crisp Sets），该函数称为集合 $A$ 的特征函数。将特征函数推广到模糊集，是从在普通集合中只取 0 和 1 两值推广为 [0, 1] 区间。

假设教室里有 5 个学生，分别以 $s_1$、$s_2$、$s_3$、$s_4$ 和 $s_5$ 来表示，其中 $s_1$、$s_2$、$s_3$ 为男生，$s_4$、$s_5$ 为女生。如果我们用 $A_m$ 表示男学生的集合，以 $A_f$ 表示女学生的集合，利用特征函数表示法，可以将 $A_m$ 和 $A_f$ 表示为：

$$A_m = \frac{1}{s_1} + \frac{1}{s_2} + \frac{1}{s_3} + \frac{0}{s_4} + \frac{0}{s_5}$$

$$A_f = \frac{0}{s_1} + \frac{0}{s_2} + \frac{0}{s_3} + \frac{1}{s_4} + \frac{1}{s_5}$$

显然，$A_m$ 和 $A_f$ 的分解是截然分明的。

但是，当我们试图在这 5 个同学中构成表示“高个子学生”和“矮个子学生”的集合时，会感到传统的集合概念难以应用。学生的身高虽然有高低之分，但是，对于“高个子学生”和“矮个子学生”这样的集合，我们不能指明哪些学生一定属于“高个子”，哪些同学一定属于“矮个子”。实际上，人们在处理这样的问题时，不需要完全确定谁是或者谁不是这些集合的成员，只需要对每一个元素确定一个数值，用这个数值表示该元素对所属集合的隶属程度。若学生 $s_1$ 对于“高个子学生”集合的隶属度高于学生 $s_2$，我们就说学生 $s_1$ 比学生 $s_2$ 相对地更属于“高个子学生”这个集合，而学生 $s_1$

相对地更属于“矮个子学生”这个集合。

正是考虑到现实世界中很多事物的分类边界是不分明的，而这种不分明的划分在人们的识别、判断和认知过程中起着重要的作用，为了用数学的方法来处理这种问题，扎德（L. A. Zadeh）于1965年提出了模糊集合的概念。他用隶属度函数来刻画处于中介过渡的事物对差异双方所具有的倾向性。可以认为隶属度函数是普通集合中特征函数的推广。当我们将特征函数的值域由{0，1}二值扩展到[0，1]区间时，就描述了一个模糊集合。

**定义**：设$X$为论域，若$A$为$X$上取值[0，1]的一个函数，则称$A$为模糊集。

值得注意的是，我们在讨论模糊集合的概念时，论域$X$所包含的元素是分明的，并不是模糊的，而只有$X$上的模糊集合$A$才是模糊的。从这个意义上说，模糊集合应该称为模糊子集合（Fuzzy Subset）。

### 2.1.2 模糊集的表示方法

模糊集本质上是论域$X$上取值[0，1]的函数，因此用隶属函数来表示模糊集合是最基本的方法。除此以外，还有以下的表示方法：

（1）序偶表示法。

$$A = \{x, A(x) \mid x \quad X\}$$

例如：用集合$X = \{x_1, x_2, x_3, x_4\}$表示某学生宿舍中的四位女同学，“美女”是一个模糊的概念。经某种方法对这四位学生属于美女的程度（“美丽度”）做的评价依次为：0.46、0.72、0.90、0.53，则以此评价构成的模糊集合$A$记为：

$$A = \{(x_1, 0.46), (x_2, 0.72), (x_3, 0.90), (x_4, 0.53)\}$$

（2）向量表示法。当论域$X = \{x_1, x_2, \cdots, x_n\}$时，$X$上的模糊集$A$可表示为向量$A = (A(x_1), A(x_2), \cdots, A(x_n))$。

前述的模糊集“美女”$A$可记为：

$$A = (0.46, 0.72, 0.90, 0.53)$$

这种向量的$n$个分量都在0与1之间，即$A(x_i) \in [0,1]$，称之为模糊向量。

(3) Zadeh 表示法。当论域 $X$ 为有限集 $\{x_1, x_2, \cdots, x_n\}$ 时，$X$ 上的一个模糊集合可表示为 $A = A(x_1)/x_1 + A(x_2)/x_2 + \cdots + A(x_n)/x_n$。

前述的模糊集“美女” $A$ 可记为：

$$A = 0.46/x_1 + 0.72/x_2 + 0.90/x_3 + 0.53/x_4$$

这里仅仅是借用了算术符号“+”和“/”，并不表示分式求和运算，而只是描述 $A$ 中有哪些元素，以及各个元素的隶属度值。

还可使用形式上“$\Sigma$”符号，从而可用这种方法表示论域为有限集合或可列集合的模糊集。如：$\sum_{i=1}^{n} \frac{A(x_i)}{x_i}, \sum_{i=1}^{\infty} \frac{A(x_i)}{x_i}$。

此外，Zadeh 还可使用积分符号“$\int$”表示模糊集，这种表示法适合于任何种类的论域，特别是无限论域中的模糊集合的描述。与$\int$符号相同，这里的$\int$仅仅是一种符号表示，并不意味着积分运算。对于任意论域 $X$ 中的模糊集合 $A$ 可记为：

$$A = \int_{x \in X} \frac{A(x)}{x} \text{或} A = \int_{x \in X} \frac{A(x)}{x}$$

值得注意的是，这里的“$\Sigma$”和“$\int$”并不是普通意义下的“和”号和“积分”号。当论域明确的情况下，在序偶和 Zadeh 表示法中，隶属度为 0 的项可以不写出，而在向量表示法中，应该写出全部分量。

例如：$A$ = “接近 10 的整数”

$$= \frac{0.1}{7} + \frac{0.5}{8} + \frac{0.8}{9} + \frac{1}{10} + \frac{0.8}{11} + \frac{0.5}{12} + \frac{0.1}{13}$$

## 2.2 模糊集的基本概念

### 2.2.1 模糊集合的基本运算

模糊集合关于并、交、补运算具有以下性质：

设 $X$ 为论域，$A$、$B$、$C$ 为 $X$ 上的模糊集合，则

(1) 幂等律：$A \cup A = A$，$A \cap A = A$；

(2) 交换律：$A \cup B = B \cup A$，$A \cap B = B \cap A$；

(3) 结合律：$(A\cup B)\cup C=A\cup(B\cup C)$，$(A\cap B)\cap C=A\cap(B\cap C)$；

(4) 吸收律：$A\cup(A\cap B)=A$，$A\cap(A\cup B)=A$；

(5) 分配律：$A\cap(B\cup C)=(A\cap B)\cup(A\cap C)$，$A\cup(B\cap C)=(A\cup B)\cap(A\cup C)$；

(6) 两极律（同一律）：$A\cap X=A$，$A\cup X=X$；

(7) De Morgan 对偶律：$(A\cup B)'=A'\cap B'$，$(A\cap B)'=A'\cup B'$。

其中，模糊集中互补律不成立。满足以上 7 条性质的代数系统称为 De Margan 代数，也称为软代数（Soft Algebra）。

### 2.2.2 模糊集的性质

集合论中的“关系”抽象地刻画了事物的“精确性”的联系，而“模糊关系”则从更深刻的意义上表现了事物间更广泛的联系。从某种意义上讲，模糊关系的抽象形式更接近于人的思维。在经济生活与经济科学中存在大量的模糊关系，而分类也是经济分析与经营管理中常常使用的方法。模糊关系理论是许多应用原理和方法的基础。

有序偶（$x$，$y$）在仅有两种状态的硬约束下所形成的关系 $R$ 是 $X\times Y$ 中的一个普通集合。当有序偶（$x$，$y$）所受到的约束是一种有弹性的软约束时，接受约束的有序偶就形成一个模糊集合，这个模糊集合表现出和弹性约束相对应的模糊关系。

**定义**：$X\times Y$ 中的二元模糊关系$\tilde{R}$是 $X\times Y$ 中的模糊集合，它的隶属函数用$\mu_{\tilde{R}}(x,y)$ 表示。

若 $X=Y$，则称$\tilde{R}$是 $X$ 中的模糊关系。$\mu_{\tilde{R}}(x,y)$ 在实轴闭区间 [0, 1] 取值，它的大小反映了（$x$，$y$）具有关系$\tilde{R}$的程度。

由于模糊关系也是模糊集合，因此模糊集合的相等、包含、交、并、补等概念对模糊关系同样具有意义。

模糊集具有以下性质：

(1) 自反性：设$\tilde{R}$是 $X$ 中的模糊关系，若对 $\forall x\in X$，都有 $\mu_{\tilde{R}}$

$(x, x)=1$，则称$\tilde{R}$为自反关系。

（2）转置：设$\tilde{R}$是$X \times Y$中的模糊关系，记$\tilde{R}$的转置为$\tilde{R}^T$，它是$Y \times X$中的关系且具有隶属度函数$\mu_{R^T}(y, x)=\mu_R(x, y)$。

（3）对称性：设$\tilde{R}$是论域$X$中模糊关系，当且仅当对$\forall x, y \in X$，有$\mu_R(x, y)=\mu_R(y, x)$，则称$\tilde{R}$是对称关系。

（4）传递性：设$\tilde{R}$是论域$X$中模糊关系，若有$\tilde{R} \cdot \tilde{R} \subseteq \tilde{R}$成立，则称$\tilde{R}$具有传递性。

（5）模糊相似关系：设$\tilde{R}$是论域$X$中模糊关系，若$\tilde{R}$同时具有自反性和对称性，则称$\tilde{R}$为模糊相似关系。

（6）模糊等价关系：设$\tilde{R}$是论域$X$中模糊关系，若$\tilde{R}$同时具有自反性、对称性和传递性，则称$\tilde{R}$为模糊等价关系。

### 2.2.3　隶属度函数

论域$X$上的模糊集$A$实质上是$X \to [0, 1]$的函数，所有实际中处理模糊问题的首要任务是确定隶属度函数$A(x)$。若对论域$X$中的任一元素$x$，都有一个数$A(x) \in [0, 1]$与之对应，则称$A$为$X$上的模糊集，$A(x)$称为$x$对$A$的隶属度。当$x$在$X$中变动时，$A(x)$就是一个函数，称为$A$的隶属函数。隶属度$A(x)$越接近于1，表示$x$属于$A$的程度越高；$A(x)$越接近于0，表示$x$属于$A$的程度越低。

隶属度函数是模糊控制的应用基础，正确地构造隶属度函数是用好模糊控制的关键之一。隶属度函数的确定过程，本质上说应该是客观的，但每个人对于同一个模糊概念的认识理解又有差异，因此，隶属度函数的确定又带有主观性。

隶属度函数的确立目前还没有一套成熟有效的方法，大多数系统的确立方法还停留在经验和实验的基础上。对于同一个模糊概念，不同的人会建立不完全相同的隶属度函数，尽管形式不完全相同，只要能反映同一模糊概念，在解决和处理实际模糊信息的问题中仍然殊途同归。下面介绍几种常用的方法：

（1）模糊统计法。模糊统计法的基本思想是对论域 $X$ 上的一个确定元素 $v0$ 是否属于论域上的一个可变动的清晰集合 $A_3$ 作出清晰的判断。对于不同的试验者，清晰集合 $A_3$ 可以有不同的边界，但它们都对应于同一个模糊集 $A$。模糊统计法的计算步骤是：在每次统计中，$v0$ 是固定的，$A_3$ 的值是可变的，作 $n$ 次试验，其模糊统计可按下式进行计算：

$$v0 \text{ 对 } A \text{ 的隶属频率} = v0 \in A \text{ 的次数}/\text{试验总次数 } n$$

随着 $n$ 的增大，隶属频率也会趋向稳定，这个稳定值就是 $v0$ 对 $A$ 的隶属度值。这种方法较直观地反映了模糊概念中的隶属程度，但其计算量相当大。

（2）例证法。例证法的主要思想是从已知有限个 $\mu A$ 的值，来估计论域 $U$ 上的模糊子集 $A$ 的隶属函数。如论域 $U$ 代表全体人类，$A$ 是“高个子的人”，显然 $A$ 是一个模糊子集。为了确定 $\mu A$，先确定一个高度值 $h$，然后选定几个语言真值（即一句话的真实程度）中的一个来回答某人是否算“高个子”。语言真值可分为“真的”、“大致真的”、“似真似假”、“大致假的”和“假的”五种情况，可分别用数字 1、0.75、0.5、0.25、0 来表示这些语言真值。对 $n$ 个不同高度 $h_1$、$h_2$、…、$h_n$ 都作同样的询问，即可以得到 $A$ 的隶属度函数的离散表示。

（3）专家经验法。专家经验法是根据专家的实际经验给出模糊信息的处理算式或相应权系数值来确定隶属函数的一种方法。在许多情况下，经常是初步确定粗略的隶属函数，然后再通过“学习”和实践检验逐步修改和完善，而实际效果正是检验和调整隶属函数的依据。

（4）二元对比排序法。二元对比排序法是一种较实用的确定隶属度函数的方法。它通过对多个事物之间的两两对比来确定某种特征下的顺序，由此来决定这些事物对该特征的隶属函数的大体形状。二元对比排序法根据对比测度不同，可分为相对比较法、对比平均法、优先关系定序法和相似优先对比法等。

例如：$A(x)$ 表示模糊集“年老”的隶属函数，$A$ 表示模糊集

“年老”，当年龄 $x \leqslant 50$ 时，$A(x)=0$ 表明 $x$ 不属于模糊集 $A$（即“年老”）；当 $x \geqslant 100$ 时，$A(x)=1$ 表明 $x$ 完全属于 $A$；当 $50<x<100$ 时，$0<A(x)<1$ 且 $x$ 越接近 100，$A(x)$ 越接近 1，$x$ 属于 $A$ 的程度就越高。这样的表达方法显然比简单地说：“100 岁以上的人是年老的，50 岁以下的人就不年老”显得更为合理。

## 2.3　模糊聚类分析

模糊聚类分析是根据客观事物间的特征、亲疏程度、相似性，通过建立模糊相似关系对客观事物进行聚类的分析方法。

### 2.3.1　模糊聚类分析步骤

模糊聚类分析的一般步骤可概括为：数据标准化、建立模糊相似矩阵、聚类。

2.3.1.1　数据标准化

（1）数据矩阵。设论域 $X=\{x_1, x_2, \cdots, x_n\}$ 为被分类的对象，每个元素又由 $m$ 个数据表示，对第 $i$ 个元素有：

$$x_i = \{x_{i1}, x_{i2}, \cdots, x_{im}\} \quad (i = 1,2,\cdots,n)$$

于是，得到原始数据矩阵为：

$$\begin{bmatrix} x_{11} & x_{12} & \cdots & x_{1m} \\ x_{21} & x_{22} & \cdots & x_{2m} \\ \vdots & \vdots & & \vdots \\ x_{n1} & x_{n2} & \cdots & x_{nm} \end{bmatrix}$$

（2）数据变换。在实际应用中，不同的数据有不同的量纲，为了使不同量纲的数据也能进行比较，通常需要对数据做适当的变换。但是，即使这样，得到的数据也不一定在区间［0，1］上。因此，这里所说的数据标准化，就是根据模糊矩阵的要求，将数据压缩在区间［0，1］上。

通常需要如下几种变换：

1）标准差变换：

$$x'_{ik} = \frac{x_{ik} - \bar{x}_k}{s_k} \quad (i = 1,2,\cdots,n; k = 1,2,\cdots,m)$$

$$\bar{x}_k = \frac{1}{n}\sum_{i=1}^{n} x_{ik} \quad s_k = \sqrt{\frac{1}{n}\sum_{i=1}^{n}(x_{ik} - \bar{x}_k)^2}$$

经过变换后，每个变量的均值为0，标准差为1，并可以消除量纲的影响，但不一定在区间［0，1］上。

2）极差变换：

$$x''_{ik} = \frac{x'_{ik} - \min\{x'_{ik}\}}{\max\{x'_{ik}\} - \min\{x'_{ik}\}} \quad (i = 1,2,\cdots,n;k = 1,2,\cdots,m)$$

经过极差变换后有$0 \leqslant x''_{ik} \leqslant 1$，并消除了量纲的影响。

2.3.1.2 建立模糊相似矩阵

建立模糊相似矩阵也称为标定，即标出衡量被分类对象间相似程度的统计量$r_{ij}(i, j = 1, 2, \cdots, n)$。设论域$U = \{x_1, x_2, \cdots, x_n\}$，$x_i = \{x_{i1}, x_{i2}, \cdots, x_{im}\}$，依照传统聚类方法确定相似系数，建立模糊相似矩阵，$x_i$与$x_j$的相似程度$r_{ij} = R(x_i, x_j)$。确定$r_{ij} = R(x_i, x_j)$的方法主要借用传统聚类的相似系数法、距离法以及其他方法。具体用什么方法，可根据问题的性质，选取下列公式之一计算。

（1）相似系数法。

1）夹角余弦法。

$$r_{ij} = \frac{\sum_{k=1}^{m} x_{ik} \times x_{jk}}{\sqrt{\sum_{k=1}^{m} x_{ik}^2} \times \sqrt{\sum_{k=1}^{m} x_{jk}^2}}$$

2）最大最小法。

$$r_{ij} = \frac{\sum_{k=1}^{m}(x_{ik} \wedge x_{jk})}{\sum_{k=1}^{m}(x_{ik} \vee x_{jk})}$$

3）算术平均最小法。

$$r_{ij} = \frac{2\sum_{k=1}^{m}(x_{ik} \wedge x_{jk})}{\sum_{k=1}^{m}(x_{ik} + x_{jk})}$$

4）几何平均最小法。

$$r_{ij}=\frac{2\sum_{k=1}^{m}(x_{ik}\wedge x_{jk})}{\sum_{k=1}^{m}\sqrt{x_{ik}\times x_{jk}}}$$

以上4种方法中要求 $x_{ij}>0$，否则也要做适当变换。

5）数量积法。

$$r_{ij}=\begin{cases}1 & (i=j)\\ \frac{1}{M}\sum_{k=1}^{m}x_{ik}\times x_{jk} & (i\neq j)\end{cases}$$

其中

$$M=\max_{i\neq j}\left(\sum_{k=1}^{m}x_{ik}\times x_{jk}\right)$$

6）相关系数法。

$$r_{ij}=\frac{\sum_{k=1}^{m}|x_{ik}-\bar{x}_i||x_{jk}-\bar{x}_j|}{\sqrt{\sum_{k=1}^{m}(x_{ik}-\bar{x}_i)^2}\times\sqrt{\sum_{k=1}^{m}(x_{jk}-\bar{x}_j)^2}}$$

其中

$$\bar{x}_i=\frac{1}{m}\sum_{k=1}^{m}x_{ik},\bar{x}_j=\frac{1}{m}\sum_{k=1}^{m}x_{jk}$$

7）指数相似系数法。

$$r_{ij}=\frac{1}{m}\sum_{k=1}^{m}\exp\left[-\frac{3}{4}\times\frac{(x_{ik}-x_{jk})^2}{s_k^2}\right]$$

其中

$$s_k=\frac{1}{n}\sum_{i=1}^{n}(x_{ik}-\bar{x}_{ik})^2$$

而

$$\bar{x}_k=\frac{1}{n}\sum_{i=1}^{n}x_{ik}\quad(k=1,2,\cdots,m)$$

（2）距离法。

1）直接距离法。

$$r_{ij}=1-cd(x_i,x_j)$$

式中，$c$ 为适当选取的参数，使得 $0\leqslant r_{ij}\leqslant 1$，$d(x_i,x_j)$ 表示它们之间的距离。经常用的距离有：

①海明距离。

$$d(x_i,x_j) = \sum_{k=1}^{m} | x_{ik} - x_{jk} |$$

②欧几里得距离。

$$d(x_i,x_j) = \sqrt{\sum_{k=1}^{m} (x_{ik} - x_{jk})^2}$$

③切比雪夫距离。

$$d(x_i,x_j) = \bigvee_{k=1}^{m} | x_{ik} - x_{jk} |$$

2）倒数距离法。

$$r_{ij} = \begin{cases} 1 & (i = j) \\ \dfrac{M}{d(x_i,x_j)} & (i \neq j) \end{cases}$$

式中，$M$ 为适当选取的参数，使得 $0 \leqslant r_{ij} \leqslant 1$。

3）指数距离法。

$$r_{ij} = \exp[-d(x_i,x_j)]$$

2.3.1.3　聚类（求动态聚类图）

（1）基于模糊等价矩阵聚类方法。

1）传递闭包法。根据标定所得的模糊矩阵 $R$，还要将其改造成模糊等价矩阵 $R^*$。用二次方法求 $R$ 的传递闭包，即 $t(R) = R^*$。再让 $\lambda$ 由大变小，就可形成动态聚类图。

2）布尔矩阵法。布尔矩阵法的理论依据是下面的定理：

**定理**：设 $R$ 是 $U = \{x_1,x_2,\cdots,x_n\}$ 上的一个相似的布尔矩阵，则 $R$ 具有传递性（当 $R$ 是等价布尔矩阵时）⇔矩阵 $R$ 在任一排列下的矩阵都没有形如 $\begin{pmatrix} 1 & 1 \\ 1 & 0 \end{pmatrix}$，$\begin{pmatrix} 1 & 1 \\ 0 & 1 \end{pmatrix}$，$\begin{pmatrix} 1 & 0 \\ 1 & 1 \end{pmatrix}$，$\begin{pmatrix} 0 & 1 \\ 1 & 1 \end{pmatrix}$ 的特殊子矩阵。

布尔矩阵法的具体步骤如下：

①求模糊相似矩阵的 $\lambda$ - 截矩阵 $R_\lambda$。

②若 $R_\lambda$ 按定理判定为等价的，则由 $R_\lambda$ 可得 $U$ 在 $\lambda$ 水平上的分类，若 $R_\lambda$ 判定为不等价，则 $R_\lambda$ 在某一排列下有上述形式的特殊子矩阵，此时只要将其中特殊子矩阵的 0 一律改成 1 直到不再产生上述形式的子矩阵即可。如此得到的 $R_\lambda^*$ 为等价矩阵。因此，由 $R_\lambda^*$ 可得 $\lambda$ 水平上的分类。

（2）直接聚类法。所谓直接聚类法，是指在建立模糊相似矩阵之后，不去求传递闭包 $t(R)$，也不用布尔矩阵法，而是直接从模糊相似矩阵出发求得聚类图。其步骤如下：

1）取 $\lambda_1=1$（最大值），对每个 $x_i$ 作相似类 $[x_i]_R$，且

$$[x_i]_R = \{x_j \mid r_{ij} = 1\}$$

即将满足 $r_{ij}=1$ 的 $x_i$ 与 $x_j$ 放在一类，构成相似类。相似类与等价类的不同之处是，不同的相似类可能有公共元素，即可出现：

$$[x_i]_R = \{x_i,x_k\},[x_i]_R = \{x_j,x_k\},[x_i] \cap [x_j] \neq \emptyset$$

此时，只要将有公共元素的相似类合并，即可得 $\lambda_1=1$ 水平上的等价分类。

2）取 $\lambda_2$ 为次大值，从 $R$ 中直接找出相似度为 $\lambda_2$ 的元素对 $(x_i,\ x_j)$（即 $r_{ij}=\lambda_2$），将对应于 $\lambda_1=1$ 的等价分类中 $x_i$ 所在的类与 $x_j$ 所在的类合并，将所有的这些情况合并后，即得到对应于 $\lambda_2$ 的等价分类。

3）取 $\lambda_3$ 为第三大值，从 $R$ 中直接找出相似度为 $\lambda_3$ 的元素对 $(x_i,\ x_j)$（即 $r_{ij}=\lambda_3$），将对应于 $\lambda_2$ 的等价分类中 $x_i$ 所在的类与 $x_j$ 所在的类合并，将所有的这些情况合并后，即得到对应于 $\lambda_3$ 的等价分类。

4）以此类推，直到合并到 $U$ 成为一类为止。

### 2.3.2　最佳阈值 λ 的确定

在模糊聚类分析中对于各个不同的 $\lambda \in [0,\ 1]$，可得到不同的分类，许多实际问题需要选择某个阈值 $\lambda$，确定样本的一个具体分类，这就提出了如何确定阈值 $\lambda$ 的问题。一般有以下两个方法：

（1）按实际需要。在动态聚类图中，调整 $\lambda$ 的值以得到适当的分类，而不需要事先准确地估计好样本应分成几类。当然，也可由具有丰富经验的专家结合专业知识确定阈值 $\lambda$，从而得出在 $\lambda$ 水平上的等价分类。

（2）用 $F$ 统计量确定 $\lambda$ 最佳值。设论域 $U=\{x_1,\ x_2,\ \cdots,\ x_n\}$ 为样本空间（样本总数为 $n$），而每个样本 $x_i$ 有 $m$ 个特征：$x_i=\{x_{i1},\ x_{i2},\ \cdots,\ x_{im}\}$ $(i=1,\ 2,\ \cdots,\ n)$。于是得到原始数据矩阵，见表

2-1，其中$\overline{x_k}=\frac{1}{n}\sum_{i=1}^{n}x_{ik}$（$k=1$，2，…，$m$），$\bar{x}$称为总体样本的中心向量。

**表 2-1 原始数据矩阵**

| 样 本 | 指 标 | | | | | |
|---|---|---|---|---|---|---|
| | 1 | 2 | … | $k$ | … | $m$ |
| $x_1$ | $x_{11}$ | $x_{12}$ | … | $x_{1k}$ | … | $x_{1m}$ |
| $x_2$ | $x_{21}$ | $x_{22}$ | … | $x_{2k}$ | … | $x_{2m}$ |
| ⋮ | ⋮ | ⋮ | | ⋮ | | ⋮ |
| $x_i$ | $x_{i1}$ | $x_{i2}$ | … | $x_{ik}$ | … | $x_{im}$ |
| ⋮ | ⋮ | ⋮ | | ⋮ | | ⋮ |
| $x_n$ | $x_{n1}$ | $x_{n2}$ | … | $x_{nk}$ | … | $x_{nm}$ |
| $\bar{x}$ | $\overline{x_1}$ | $\overline{x_2}$ | … | $\overline{x_k}$ | … | $\overline{x_m}$ |

设对应于$\lambda$值的分类数为$r$，第$j$类的样本数为$n_j$，第$j$类的样本记为：$x_1^{(j)}$，$x_2^{(j)}$，…，$x_{n_j}^{(j)}$，第$j$类的聚类中心为向量$\bar{x}^{(j)}=(\bar{x}_1^{(j)}$，$\bar{x}_{12}^{(j)}$，…，$\bar{x}_m^{(j)})$，其中$\bar{x}_k^{(j)}$为第$k$个特征的平均值，即：

$$\bar{x}_k^{(j)}=\frac{1}{n_j}\sum_{i=1}^{n_j}x_{ik}^{(j)}\quad(k=1,2,\cdots,m)$$

作$F$统计量，即：

$$F=\frac{\dfrac{\sum_{j=1}^{r}n_j\|\bar{x}^{(j)}-\bar{x}\|}{(r-1)}}{\dfrac{\sum_{j=1}^{r}\sum_{i=1}^{n_j}\|x_i^{(j)}-\bar{x}^{(j)}\|}{(n-r)}}$$

$$\|\bar{x}^{(j)}-\bar{x}\|=\sqrt{\sum_{k=1}^{m}(\bar{x}_k^{(j)}-\bar{x}_k)^2}$$

其中，$\|\bar{x}^{(j)}-\bar{x}\|$为$\bar{x}^{(j)}$与$\bar{x}$间的距离，$\|x_i^{(j)}-\bar{x}^{(j)}\|$为第$j$类中第$i$个样本$x_i^{(j)}$与其中心$\bar{x}^{(j)}$间的距离，称为$F$统计量，它是遵从自由度为$r-1$，$n-r$的$F$分布。它的分子表征类与类之间的距离，分母表

征类内样本间的距离。因此，$F$ 值越大，说明类与类之间的距离越大；类与类间的差异越大，分类就越好。

## 2.4　模糊聚类分析应用

模糊聚类分析是模糊数学和聚类分析的有机结合，它的应用几乎涉及各个学科领域，众多学者在其中做了大量的研究工作，在以后的章节中将介绍作者在模糊聚类方法中的应用，本节只介绍一个简单应用，利于读者了解模糊聚类分析应用的一般步骤。

**例 2-1**　雨量站问题：某地区设置有 11 个雨量站，其分布图如图 2-1 所示，10 年来各雨量站所测得的年降雨量列入表 2-2 中。现因经费问题，希望撤销几个雨量站，问撤销哪些雨量站，而不会太多的减少降雨信息？

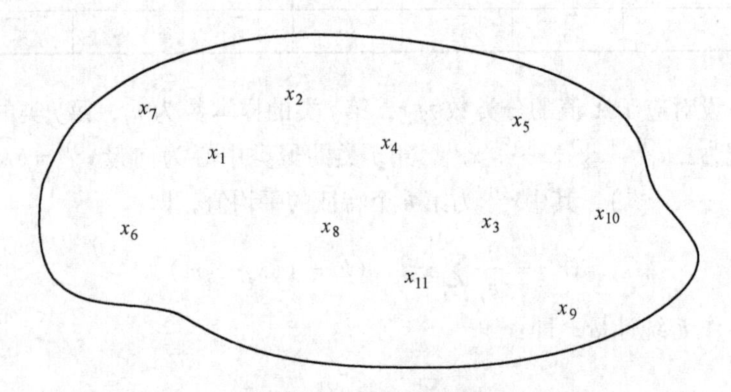


图 2-1　雨量站分布图

**表 2-2　各雨量站 10 年间测得的降雨量**

| 年序号 | $x_1$ | $x_2$ | $x_3$ | $x_4$ | $x_5$ | $x_6$ | $x_7$ | $x_8$ | $x_9$ | $x_{10}$ | $x_{11}$ |
|---|---|---|---|---|---|---|---|---|---|---|---|
| 1 | 276 | 324 | 159 | 413 | 292 | 258 | 311 | 303 | 175 | 243 | 320 |
| 2 | 251 | 287 | 349 | 344 | 310 | 454 | 285 | 451 | 402 | 307 | 470 |
| 3 | 192 | 433 | 290 | 563 | 479 | 502 | 221 | 220 | 320 | 411 | 232 |
| 4 | 246 | 232 | 243 | 281 | 267 | 310 | 273 | 315 | 285 | 327 | 352 |
| 5 | 291 | 311 | 502 | 388 | 330 | 410 | 352 | 267 | 603 | 290 | 292 |
| 6 | 466 | 158 | 224 | 178 | 164 | 203 | 502 | 320 | 240 | 278 | 350 |

续表 2-2

| 年序号 | $x_1$ | $x_2$ | $x_3$ | $x_4$ | $x_5$ | $x_6$ | $x_7$ | $x_8$ | $x_9$ | $x_{10}$ | $x_{11}$ |
|---|---|---|---|---|---|---|---|---|---|---|---|
| 7 | 258 | 327 | 432 | 401 | 361 | 381 | 301 | 413 | 402 | 199 | 421 |
| 8 | 453 | 365 | 357 | 452 | 384 | 420 | 482 | 228 | 360 | 316 | 252 |
| 9 | 158 | 271 | 410 | 308 | 283 | 410 | 201 | 179 | 430 | 342 | 185 |
| 10 | 324 | 406 | 235 | 520 | 442 | 520 | 358 | 343 | 251 | 282 | 371 |

应该撤销哪些雨量站，涉及雨量站的分布、地形、地貌、人员、设备等众多因素。我们仅考虑尽可能地减少降雨信息问题，一个自然的想法是就10年来各雨量站所获得的降雨信息之间的相似性，对全部雨量站进行分类，撤去“同类”（所获降雨信息十分相似）的雨量站中“多余”的站。

问题求解：

为使问题简化，特作如下假设：

（1）每个观测站具有同等规模及仪器设备。

（2）每个观测站的经费开支均等。

具有相同的被裁可能性。

分析：对上述撤销观测站的问题用基于模糊等价矩阵的模糊聚类方法进行分析，原始数据如上。

求解步骤：

（1）数据的收集。原始数据见表2-2。

（2）建立模糊相似矩阵。利用相关系数法，构造模糊相似关系矩阵 $(r_{\alpha\beta})_{11\times 11}$，其中

$$r_{ij}=\frac{\sum_{k=1}^{n}|(x_{ik}-\overline{x_i})||(x_{jk}-\overline{x_j})|}{\left[\sum_{k=1}^{n}(x_{ik}-\overline{x_i})^2\cdot\sum_{k=1}^{n}(x_{jk}-\overline{x_j})^2\right]^{\frac{1}{2}}}$$

其中

$$\overline{x_i}=\frac{1}{10}\sum_{k=1}^{10}x_{ik}\quad(i=1,2,\cdots,11)$$

$$\overline{x_j}=\frac{1}{n}\sum_{k=1}^{n}x_{jk}\quad(j=1,2,\cdots,11)$$

取 $i=2$、$j=1$，代入公式得 $r_{21}=0.839$，由于运算量巨大，用C语言编程计算出其余数值，得模糊相似关系矩阵 $(r_{\alpha\beta})_{11\times 11}$。具体程序如下：

```
#include < stdio. h >
#include < math. h >

double r [11] [11];
double x [11];
void main ( )
  {int i, j, k; double fenzi = 0, fenmu1 = 0, fenmu2 = 0, fenmu = 0;

int year[10][11] = {276,324,159,413,292,258,311,303,175,243,320,
                    251,287,349,344,310,454,285,451,402,307,470,
                    192,433,290,563,479,502,221,220,320,411,232,
                    246,232,243,281,267,310,273,315,285,327,352,
                    291,311,502,388,330,410,352,267,603,290,292,
                    466,158,224,178,164,203,502,320,240,278,350,
                    258,327,432,401,361,381,301,413,402,199,421,
                    453,365,357,452,384,420,482,228,360,316,252,
                    158,271,410,308,283,410,201,179,430,342,185,
                    324,406,235,520,442,520,358,343,251,282,371};
for (i = 0; i < 11; i + +)
 { for (k = 0; k < 10; k + +)
                { x [i] = x [i] + year [k] [i];}
   x [i] = x [i] /10;
 }
for (i = 0; i < 11; i + +)
 {for (j = 0; j < 11; j + +)
   {for (k = 0; k < 10; k + +)

            {fenzi = fenzi + fabs((year[k][i] - x[i]) * (year[k][j] - x[j]));
             fenmu1 = fenmu1 + (year[k][i] - x[i]) * (year[k][i] - x[i]);
              fenmu2 = fenmu2 + (year[k][j] - x[j]) * (year[k][j] - x[j]);
   fenmu = sqrt (fenmu1) * sqrt (fenmu2);
```

```
            r [i] [j]  = fenzi/fenmu;
    }
fenmu = fenmu1 = fenmu2 = fenzi = 0;
}}
  for (i = 0; i < 11; i + +)
        {for (j = 0; j < 11; j + +)
            {printf ("%6.3f", r [i] [j]);}
  printf ("  \ n");}
getch ();
}
```

得到模糊相似矩阵 $R$：

1.000 0.839 0.528 0.844 0.828 0.702 0.995 0.671 0.431 0.573 0.712
0.839 1.000 0.542 0.996 0.989 0.899 0.855 0.510 0.475 0.617 0.572
0.528 0.542 1.000 0.562 0.585 0.697 0.571 0.551 0.962 0.642 0.568
0.844 0.996 0.562 1.000 0.992 0.908 0.861 0.542 0.499 0.639 0.607
0.828 0.989 0.585 0.992 1.000 0.922 0.843 0.526 0.512 0.686 0.584
0.702 0.899 0.697 0.908 0.922 1.000 0.726 0.455 0.667 0.596 0.511
0.995 0.855 0.571 0.861 0.843 0.726 1.000 0.676 0.489 0.587 0.719
0.671 0.510 0.551 0.542 0.526 0.455 0.676 1.000 0.467 0.678 0.994
0.431 0.475 0.962 0.499 0.512 0.667 0.489 0.467 1.000 0.487 0.485
0.573 0.617 0.642 0.639 0.686 0.596 0.587 0.678 0.487 1.000 0.688
0.712 0.572 0.568 0.607 0.584 0.511 0.719 0.994 0.485 0.688 1.000

对这个模糊相似矩阵用平方法作传递闭包运算，求 $R^2 \to R^4$: $R^4$，即 $t(R) = R^4 = R^*$。

(3) 聚类。$R$ 是对称矩阵，故只写出它的下三角矩阵 $R^*$：

$$R^* = \begin{bmatrix} 1.000 \\ 0.861 & 1 \\ 0.697 & 0.697 & 1 \\ 0.861 & 0.996 & 0.697 & 1 \\ 0.861 & 0.996 & 0.697 & 0.992 & 1 \\ 0.861 & 0.995 & 0.697 & 0.922 & 0.922 & 1 \\ 0.994 & 0.861 & 0.697 & 0.861 & 0.861 & 0.861 & 1 \\ 0.719 & 0.719 & 0.697 & 0.719 & 0.719 & 0.719 & 0.719 & 1 \\ 0.697 & 0.697 & 0.962 & 0.697 & 0.697 & 0.697 & 0.697 & 0.676 & 1 \\ 0.688 & 0.688 & 0.688 & 0.688 & 0.688 & 0.688 & 0.688 & 0.688 & 0.697 & 1 \\ 0.719 & 0.719 & 0.697 & 0.719 & 0.719 & 0.719 & 0.719 & 0.688 & 0.697 & 0.688 & 1 \end{bmatrix}$$

取 $\lambda = 0.996$，则

$$R_{0.996}^{*} = \begin{bmatrix} 1 & & & & & & & & & & \\ & 1 & & 1 & 1 & & & & & & \\ & & 1 & & & & & & & & \\ & 1 & & 1 & & & & & & & \\ & 1 & & & 1 & & & & & & \\ & & & & & 1 & & & & & \\ & & & & & & 1 & & & & \\ & & & & & & & 1 & & & \\ & & & & & & & & 1 & & \\ & & & & & & & & & 1 & \\ & & & & & & & & & & 1 \end{bmatrix}$$

$x_2$、$x_4$、$x_5$ 在置信水平为 0.996 的阈值 $\lambda$ 下相似度为 1，故 $x_2$、$x_4$、$x_5$ 同属一类，所以此时可以将观测站分为 9 类，即 $\{x_2, x_4, x_5\}$，$\{x_1\}$，$\{x_3\}$，$\{x_6\}$，$\{x_7\}$，$\{x_8\}$，$\{x_9\}$，$\{x_{10}\}$，$\{x_{11}\}$。

降低置信水平 $\lambda$，对不同的 $\lambda$ 作同样分析，得到：$\lambda = 0.995$ 时，可分为 8 类，即 $\{x_2, x_4, x_5, x_6\}$，$\{x_1\}$，$\{x_3\}$，$\{x_7\}$，$\{x_8\}$，$\{x_9\}$，$\{x_{10}\}$，$\{x_{11}\}$。$\lambda = 0.994$ 时，可分为 7 类，即 $\{x_2, x_4, x_5, x_6\}$，$\{x_1, x_7\}$，$\{x_3\}$，$\{x_8\}$，$\{x_9\}$，$\{x_{10}\}$，$\{x_{11}\}$。$\lambda = 0.962$ 时，可分为 6 类，即 $\{x_2, x_4, x_5, x_6\}$，$\{x_1, x_7\}$，$\{x_3, x_9\}$，$\{x_8\}$，$\{x_{10}\}$，$\{x_{11}\}$。$\lambda = 0.719$ 时，可分为 5 类，即 $\{x_2, x_4, x_5, x_6\}$，$\{x_1, x_7\}$，$\{x_3, x_9\}$，$\{x_8, x_{11}\}$，$\{x_{10}\}$。

求解结果如图 2－2 所示。

## 2.5　本章小结

本章介绍了有关模糊理论的相关知识和一些基本概念。自从 1965 年，美国计算机与控制论专家 L. A. Zadeh 教授提出了模糊集的概念，创造了研究模糊性或不确定性问题的理论方法，迄今已成为一个较为完善的数学分支。国内外学者在这个领域做了大量富有成效的工作，其中许多探索是具有突破性的。

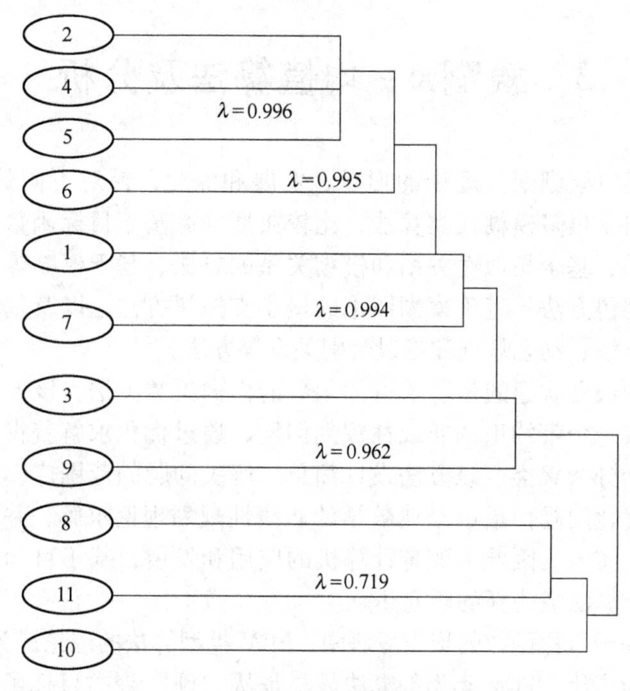


图2-2 结果分析

模糊理论与技术一个突出的优点是能较好地描述与仿效人的思维方式，总结和反映人的体会与经验，对复杂事物和系统可进行模糊度量、模糊识别、模糊推理、模糊控制与模糊决策。尤其是模糊理论与人工智能在神经网络和专家系统等方面相互结合的研究已覆盖到计算机、多媒体。自动控制以及信息采集与处理等一系列高新技术的开发与利用，有力地推动了应用科学、决策科学、管理科学与社会科学的进步，这种学术理论体系不断完善的新成果正在迅速地转变成生产力促进社会物质文明水平的不断提高。

# 3 模糊 c－均值算法及分析

伴随着模糊聚类理论的形成、发展和深化，针对不同的应用，人们提出了很多模糊聚类算法，比较典型的有基于目标函数的模糊聚类方法、基于相似性关系和模糊关系的方法、基于模糊等价关系的传递闭包方法、基于模糊图论的最小支撑树方法，以及基于数据集的凸分解、动态规划和难以辨别关系等方法。

其中最受欢迎的是基于目标函数的模糊聚类方法，该方法把聚类归结成一个带约束的非线性规划问题，通过优化求解获得数据集的模糊划分和聚类。该方法设计简单，解决问题的范围广，还可以转化为优化问题而借助经典数学的非线性规划理论求解，并易于在计算机上实现。因此，随着计算机的应用和发展，基于目标函数的模糊聚类算法成为新的研究热点。

在基于目标函数的聚类算法中，FCM 类型算法的理论最为完善、应用最为广泛。FCM 类型的算法最早是从“硬”聚类目标函数的优化中导出的。为了借助目标函数法求解聚类问题，人们利用均方逼近理论构造了带约束的非线性规划函数，从此类内平方误差和(Within－Groups Sum of Squared Error，WGSS) $J_1$ 成为聚类目标函数的普遍形式。为极小化该目标函数而采取 Pikard 迭代优化方案就是著名的硬 c－均值（Hard c－means，HCM）算法。后来 Dunn 把 WGSS 函数 $J_1$ 扩展到 $J_2$，即类内加权平均误差和函数。Bezdek 又引入了一个参数 $m$，把 $J_2$ 推广到一个目标函数的无限簇，即形成了人们所熟知的 FCM 算法。从此，奠定了 FCM 算法在模糊聚类中的地位。

模糊 c－均值聚类算法是最早的目标函数聚类算法，也是目标函数聚类算法中研究得比较充分的算法，已经广泛应用于数据挖掘、模式识别、图像处理和计算机视觉等领域。

## 3.1 硬 c－均值算法

硬 c－均值（HCM）算法是实现数据集 $X$ 硬 c－划分的经典算法

之一，也是最受欢迎的算法之一。它能够把数据集划分成 $c$ 个超椭球结构的聚类。HCM 算法把传统的聚类问题归结为如下的非线性数学规划问题：

$$(\min) J_1 = \sum_{i=1}^{C} \sum_{j=1}^{N} u_{ij} \| x_j - v_i \|^2 \tag{3-1}$$

其中，$U = [u_{ij}]_{c \times n}$ 为硬 c－划分矩阵，$V = (v_1, v_2, \cdots, v_c)$ 为 $C$ 个聚类中心，$N$ 为样本数，$C$ 为聚类个数，$\| \cdot \|$ 代表欧氏距离。

HCM 算法基本步骤如下：

初始化：指定聚类类别数 $c$，$2 \leqslant c \leqslant n$，$n$ 是数据个数，设定迭代停止阈值 $\varepsilon$，初始化聚类中心 $V^0$，设置迭代计数器 $b=0$。

步骤一：根据式（3－2）计算或更新划分矩阵 $U^b = [u_{ij}]$。

$$u_{ij} = \begin{cases} 1 & \| v_i - x_j \| = \min\limits_{1 \leqslant k \leqslant c} \{ \| v_k - x_j \| \} \\ 0 & \text{其他} \end{cases} \tag{3-2}$$

步骤二：根据式（3－3）更新聚类中心 $V^{b+1}$。

$$v_i = \frac{\sum_{j=1}^{n} u_{ij} x_j}{\sum_{j=1}^{n} u_{ij}} \quad (1 \leqslant i \leqslant c) \tag{3-3}$$

步骤三：如果 $\| v^b - v^{b+1} \| \leqslant \varepsilon$，则算法停止并输出划分矩阵 $U$ 和聚类中心 $V$；否则令 $b=b+1$，转步骤一。

## 3.2 模糊 c－均值算法

设 $X = \{x_1, x_2, \cdots, x_n\}$ 为 $n$ 元数据集合，$x_i \in R^s$。FCM 聚类方法就是把 $X$ 划分为 $c$ 个子集 $S_1$，$S_2$，…，$S_n$，若用 $A = \{\alpha_1, \alpha_2, \cdots, \alpha_c\}$ 表示这 $c$ 个子集的聚类中心，$u_{ij}$ 表示元素 $x_j$ 对 $S_i$ 的隶属度，则 FCM 算法的优化目标函数为：

$$J_{\mathrm{FCM}}^m(U, A, X) = \sum_{i=1}^{c} \sum_{j=1}^{n} u_{ij}^m d_{ij}^2 = \sum_{i=1}^{c} \sum_{j=1}^{n} u_{ij}^m \| x_j - a_i \| \tag{3-4}$$

$u_{ij}$ 满足如下约束条件：

$$\sum_{i=1}^{c} u_{ij} = 1 \quad (1 \leqslant j \leqslant n) \tag{3-5}$$

$$u_{ij} \geqslant 0 \quad (1 \leqslant i \leqslant c, 1 \leqslant j \leqslant n)$$

这里 $U=\{u_{ij}\}$ 为 $c\times n$ 矩阵，$A=\{\alpha_1, \alpha_2, \cdots, \alpha_c\}$ 为 $s\times c$ 矩阵，$d_{ij}$为 $x_j$ 与 $a_i$ 的距离，经典的 FCM 算法里使用欧氏距离。$m$ 为大于 1 的模糊指数，控制分类矩阵 $U$ 的模糊程度，$m$ 越大，分类的模糊程度越高，在实际应用中 $m$ 最佳范围为（1.5，2.5），推荐使用 $m=2$。FCM 算法是使目标函数最小化的迭代收敛过程。在迭代求解 $J_{FCM}^m$的最小值时，$u_{ij}$是按 Lagrange 乘数法得到的：

$$a_i = \frac{\sum_{j=1}^{n}(u_{ij})^m x_j}{\sum_{j=1}^{n}(u_{ij})^m} \tag{3-6}$$

$$u_{ij} = \frac{1}{\sum_{k=1}^{c}\left(\frac{d_{ij}}{d_{kj}}\right)^{\frac{2}{m-1}}} \tag{3-7}$$

可以看出，FCM 算法就是反复修改聚类中心矩阵和隶属度矩阵的分类过程，因此常称这种方法为动态聚类或者逐步聚类法。FCM 算法计算简单而且运算速度快，具有较直观的几何含义，但是与硬 c－均值聚类算法一样，只用类中心来表示类，这样只适于发现球状类型等非凸面形状的簇，在很多情况下算法对噪声数据敏感。几经修补，该算法的收敛性已经得以证明：FCM 算法能从任意给定初始点开始沿一个迭代子序列收敛到其目标函数 $J_m(U,P)$ 的局部极小点或鞍点。

FCM 算法是目前比较流行的一种模糊聚类算法，究其原因大致有以下几个方面：首先，模糊 c－均值泛函 $J_m$ 乃是传统的硬 c－均值泛函 $J_1$ 的自然推广，我们知道，$J_1$ 是一个应用十分广泛的聚类准则，对其在理论上的研究已经相当完善，这就为 $J_m$ 的研究提供了良好的条件。其次，从数学上看，$J_m$ 与 $R^s$ 的希尔伯特空间结构（正交投影和均方逼近理论）有密切的关系，因此 $J_m$ 比其他泛函有更深厚的数学基础。最后，FCM 算法不仅在许多领域获得了非常成功的应用，而且以该算法为基础，人们又提出基于其他原型的模糊聚类算法，如模糊 c 线（FCL）、模糊 c 面（FCP）等算法，分别实现了对呈线状、超平面状结构模式子集（或聚类）的检测。

## 3.3 模糊 c-均值聚类算法的研究现状

鉴于模糊 c-均值聚类算法的高效性和广泛的应用，人们在此基础上对其进行了发展和深化，提出了许多模糊 c-均值类型的算法。我们从模糊聚类目标函数的演化、算法的实现途径、有效性度量方式等三方面综述这类方法的研究进展及现状。

### 3.3.1 模糊聚类目标函数的演化

由模糊聚类的数学模型可知，对于一组给定的样本集，模糊聚类分析可以很容易获得它的一个模糊 c 划分。但是，要保证划分的有意义，则需要依据问题的需要定义合适的划分准则。这样，为了保证聚类的结果能使“物以类聚”，就以极小化的每类样本与该类模式间的失真度构造模糊聚类的目标函数，然后通过优化该目标函数获得样本集的最佳模糊 c 划分 $U = [u_{ik}]$ 和每类的模式 $P = \{p_i, 1 \leqslant i \leqslant c\}$。常见的模糊聚类目标函数形式如下，为一带约束的非线性函数：

$$\min_{(U^*, P^*)} \{J_m = \sum_{i=1}^{c} \sum_{k=1}^{n} (\mu_{ik})^m D^2(x_k, p_i) + \zeta, s.t. f(\mu_{ik}) \in C\} \tag{3-8}$$

式中，$\zeta$ 为惩罚项；$C$ 为约束条件；$m$ 为加权指数。

3.3.1.1 对模糊划分矩阵 $U$ 的研究

传统的聚类分析为一种硬划分，$\mu_{ik} \in \{0, 1\}$ 为样本 $x_k$ 类属的指示函数，类别标记矢量 $\mu(x_k) = (\mu_{1k}, \mu_{2k}, \cdots, \mu_{ck})^T$ 为欧氏 $c$ 空间的基矢量。为了表达模式间的相近信息，引入了模糊划分的概念，令 $\mu_{ik} \in [0, 1]$，把标记矢量扩展为欧氏 c 空间的超平面 $\sum_{i=1}^{c} \mu_{ik} = 1$，故模糊标记也称概率标记。而概率约束使得隶属度只能表示样本在类间的分享程度，而不能反映其典型性，为此有学者提出可能性划分的概念，放松了该约束。这样标记矢量变为除去原点的单位超立方体。为了结合硬聚类和模糊聚类的优点，Selim 提出了半模糊划分的概念，只保留划分矩阵中较模糊的元素，其余元素去模糊处理。这样使划分矩阵既具有一定的明晰性，又保持了样本在空间分布的模糊性，从而提高了分类的正确性。后来，又有国内外学者分别提出了改进型的半模糊划分方法，即阈值型软聚类和截集模糊软聚类。上述几种软划分的性能比较情况显示在表3－1中。

**表3－1 四种空间划分概念的比较**

| 项目 | 可能性聚类 | 模糊聚类 | 传统聚类 | 半模糊聚类 |
| --- | --- | --- | --- | --- |
| 标记矢量集 | $N_{pc} = [0,1]^c - o$<br>$o = [0,0,\cdots,0]$ | $N_{fc} = \{\mu_l \in N_{pc},$<br>$\sum_{l=1}^{c}\mu_l = 1\}$ | $N_{hc} = \{\mu_l \in N_{fc},$<br>$\mu_l \in \{0,1\}\}$ | $N_{sc} = N_{fc} \cap N_{hc}$ |
| 物理意义 | 表示样本隶属各模糊类的典型程度 | 表示样本在各类间的分享程度 | 是样本严格类属的指示函数 | 只有部分样本类分模糊 |
| 收敛性 | 慢 | 较慢 | 快 | 较快 |
| 初始化敏感性 | 很敏感 | 不很敏感 | 敏感 | 不很敏感 |
| 抗噪性 | 强 | 较强 | 弱 | 较强 |

3.3.1.2 对相似性准则的研究

单一的聚类准则不能解决所有可能的无监督分类问题，因此，聚类准则层出不穷。迄今为止，人们已经提出了多种相似性准则，如最大似然准则、最大熵准则、最小体积准则和信息论准则等。不过，实际中最常见和最普遍的还是基于最小类内加权平方误差和准则。

经典的类内平方误差和（WGSS）函数最早被用来定义硬 c－均值聚类算法和 ISODATA 算法。随着模糊理论的提出，Dunn 首先把它推广到加权的 WGSS 函数，后由 Bezdek 扩展到加权 WGSS 的无限性，形成了模糊 c－均值类型算法的通用聚类准则。对该准则函数研究主要集中在相似性或者误差度量上，一般用样本与原型模式间的距离表示。而不同距离度量可用来检测不同结构的数据子集，常用的距离函数见表3－2。

表3－2　常见的距离函数及特点

| 名　称 | 距离函数 | 特点功能 |
| --- | --- | --- |
| Minkowski | $D_p(a,b) = [\sum_{i=1}^{s} \|a_i - b_i\|^p]^{1/p}$ | 对应1≤p≤∞为一族距离测度，可用来检测从◇形超立方体到□形超立方体结构 |
| Euclid | $D_2(a,b) = [\sum_{i=1}^{s} \|a_i - b_i\|^2]^{1/2}$ | 对应$p=2$的Minkowski距离，可用以检测特征空间中○形超球体结构 |
| Hamming | $D_1(a,b) = \sum_{i=1}^{s} \|a_i - b_i\|$ | 对应$p=1$的Minkowski距离，可用来检测特征空间中◇形超立方体结构 |
| Maximum | $D_\infty(a,b) = \max_{i=1,2,\cdots,s} \|a_i - b_i\|$ | 对应$p=\infty$的Minkowski距离，可用来检测特征空间中□形超立方体结构 |
| Mahalanobis | $D_A(a,b) = (a-b)^T A(a-b)$ | $A$为正定矩阵，用来检测特征空间中超椭球结构 |

3.3.1.3　对聚类原型$P$的研究

基于目标函数的模糊聚类又称作基于原型的聚类，因为目标函数的构造依赖于原型的定义。对聚类原型的研究是伴随着聚类应用的发展和需求而展开的，最初的聚类分析只应用于特征空间中超球体聚类结构的检测，因此原型为特征空间中的“点”，或者叫聚类中心。为了处理非超球体的聚类结构，Bezdek提出了新的聚类原型，即过点$\nu \in R^s$的$r(1 \leqslant r \leqslant s-1)$维线性簇$P_r(\nu,\{s_i\}) = \{\nu\} + \mathrm{span}(\{s_i\})$。此外，为了检测“薄壳”结构的模式子集，Dave提出球壳和椭球壳两种原型，并在边缘检测应用中获得了较好的效果。随着应用的需求壳原型被推广到矩形壳、多面体壳以及任意形状的壳原型等多种类型，线性原型也逐步被扩展为抛物线及任意多项式的原型。

基于目标函数的模糊聚类分析对原型的较强依赖性，因此这就要求一方面必须充分利用先验知识选择合适的原型模式，另一方面必须与距离测度相结合研究，才能构造出合理的相似度度量。

3.3.1.4　对加权指数$m$的研究

在模糊聚类目标函数$\{J_m:1<m<\infty\}$中，Bezdek引入了加权

指数 $m$，使 Dunn 的聚类准则变成 $m=2$ 时的特例。从数学上看，参数 $m$ 的出现不自然也没有必要，但是如果不给隶属度乘一个权重，那么从硬聚类准则函数到模糊聚类目标函数的推广则是无效的。参数 $m$ 又称为平滑因子，控制着模式在模糊类间的分享程度，因此，要实现模糊聚类就必须选定一个合适的 $m$，然而最佳 $m$ 的选取目前尚缺乏理论指导。

Bezdek 给出过一个经验范围 $1.1 \leqslant m \leqslant 5$，后又从物理解释上得 $m=2$ 时最有意义；Chan 和 Cheung 从汉字识别的应用背景得出 $m$ 的最佳取值应在 1.25 ~ 1.75 之间；Bezdek 和 Hathaway 等人从算法收敛性角度着手，得出 $m$ 的取值与样本数目 $n$ 有关的结论，建议 $m$ 的取值要大于 $n/(n-2)$；Pal 等人则从聚类有效性的实验研究中得到 $m$ 的最佳选取区间应为 [1.5, 2.5]，在不做特殊要求下可取区间中值 $m=2$。

上述有关 $m$ 的取值和范围大都来自实验和经验，均为启发式的，既不够系统，也没有给出具体的优选方法。此外，也还缺乏最优 $m$ 的检验方法。这一系列的开发问题，都值得进一步去探索，以便奠定 $m$ 优选的理论基础。因此，对 $m$ 的理论研究目前是模糊聚类研究的一个热点问题。

3.3.1.5　对各种数据集 $X$ 聚类的研究

在实际应用中需要处理不同类型的数据，因此要研究聚类目标函数就必须首先了解所要遇到的数据类型。常见的数据大都为特征空间中的点集，主要难点在于如何快速分析大的样本集。此外，人们还研究了关系数据、方向数据、区间型数据和模糊数等，得出了一些有益的结论。还有一种类型的数据——符号数，也引起了极大的关注。这种数据不仅包括一般数值型数据，还包括区间数、模糊数和语言量等形式，在概念聚类中涉及较多。不过上述类型的数据并不常用，实际中最常见的数据多为部分由标记的数据、噪声污染的数据和多种结构混合的数据。

针对存在部分标记的数据，为了获得更好的聚类效果，Ingunn 等人提出了对模糊聚类加以改变用以半监督数据集。对于不平衡数据，Hong - Jie Xing 等人提出了基于专家模式的模糊 c - 均值算法。

对于噪声污染的数据，也涌现了大批的鲁棒聚类算法以克服噪声干扰。

### 3.3.2 模糊聚类算法实现途径的研究

有了聚类的准则函数，接下来就是如何优化目标函数以获得最佳聚类的问题了，即研究算法的实现途径。现有的实现途径主要分为基于交替优化、神经网络和进化等三类方法。以下概述这三方面的研究进展。

3.3.2.1 基于交替优化的实现

在优化目标函数的过程中，人们曾试探过动态规划、分支定界和凸切割等方法，然而大量的存储空间和运行时间限制了其应用。实际中应用最为广泛的是 Dunn 和 Bezdek 提出的迭代优化算法——模糊 c－均值类型的算法。到目前为止，对它的研究主要集中在收敛性证明、算法停止准则的设立以及原型初始化等方面。值得注意的是，由于算法本质上属于局部搜索的爬山迭代法，很容易陷入局部极值点，因此对初始化较敏感。人们提出了很多初始化方法：如山函数法或势函数法、模糊测度法、Marr 算子等方法。

3.3.2.2 基于神经网络的实现

神经网络的聚类分析中的应用首先源于 Kohonen 的两项工作——学习矢量量化（LVQ）和自组织特征映射（SOFM），以及 Grosberg 的自适应共振（ART）理论，两者的主要情况见表 3－3。

**表 3－3 两者聚类神经网络的比较**

| 项 目 | Kohonen 聚类网络 | Grosberg 聚类网络 |
| --- | --- | --- |
| 输入量 | 精确的数值量 | 数值量或模糊语言量 |
| 输出量 | 聚类原型（特征矢量） | 分类结果和类别数 |
| 学习方式 | 竞争学习（梯度下降） | 模糊逻辑操作 |
| 聚类数目 | 事先给定 | 自动确定 |
| 功能用途 | 球型硬聚类、特征映射 | 球型硬聚类、模式分类 |

用神经网络实现聚类分析显著的优势在于神经网络的并行处理，

因为在大数据量情况下聚类是相当耗时的。然而，以上两种聚类网络仍存在应用的局限性——只能实现球形的硬聚类。为此，人们在模糊聚类网络的集成研究方面做了不懈的努力。从总体上看，模糊聚类网络的研究可分为两类。一类是从目标函数演变而来的，其基础是模糊竞争学习算法；另一类模糊聚类网络由模糊逻辑操作构成，但这类网络的研究很分散，不仅数量少，理论上也不很成熟。

#### 3.3.2.3 基于进化计算的实现

进化计算是建立在生物进化基础之上的基于自然选择和群体遗传机理的随机搜索算法。由于它全局并行搜索，因而获得全局最优解的概率高，此外还具有简单、通用和鲁棒性强等优点。为了全局优化聚类目标函数，进化计算被引入到模糊聚类中，形成了一系列基于进化计算的聚类算法。

这一系列算法大致可分为三种类型：一是基于模拟退火的方法，包括对划分矩阵和聚类原型的退火处理两种，然而由于该算法只有在温度下降足够慢时才能达到全局收敛，极大的运算时间限制了它的实用性；二是基于遗传算法和进化策略的方法，这方面的研究主要集中在解得编码方案、适应度函数的构造以及遗传算子的引入和操作参数的自适应调整等方面；三是基于 Tabu 搜索的算法，主要是 AL_ Sultan 作了一些探索和尝试，该方面的研究还有待于进一步的深入展开。

表 3－4 对比了上述三种模糊聚类的实现途径，从表中的性能比较可知，三种方法各有优缺点。这就启发我们能否集成三者的优点，构造速度快、精度高而且对全局收敛的模糊聚类算法。

**表 3－4 三种模糊聚类实现途径的比较**

| 项 目 | 迭代优化方法 | 神经网络方法 | 进化计算方法 |
| --- | --- | --- | --- |
| 搜索本质 | 梯度下降 | 梯度下降 | 随机搜索 |
| 收敛速度 | 较快 | 快 | 慢 |
| 算法精度 | 高 | 高 | 受编码长度限制 |
| 算法结构 | 串行 | 各维特征间并行 | 各个体间并行 |
| 对初始化 | 敏感 | 敏感 | 不敏感 |

### 3.3.3 模糊聚类有效性的研究

对于给定的数据集，首先需要判断有无聚类结构，这属于聚类趋势研究的课题；如果已经确认有聚类结构，则需要用算法来确定这些结构，这属于聚类分析研究的课题；得到聚类结构后，则需要分析聚类的结果是否合理，这属于聚类有效性研究的课题。对聚类分析而言，有效性问题又转化为最佳类别数 $c$ 的决策。

历史上有关聚类有效性问题的研究大都基于硬 c－均值和模糊 c－均值算法的，现有的聚类有效性函数按其定义方式可分为：基于数据集模糊划分的方法、基于数据集几何结构的方法和基于数据集统计信息的方法三类，三类的理论基础和特点均列述在表 3－5 中。

**表 3－5 三类聚类有效性函数的特点比较**

| 比较项目 | 基于模糊划分的方法 | 基于几何结构的方法 | 基于统计信息的方法 |
|---|---|---|---|
| 理论基础 | 好的聚类对应于数据集较“分明”的划分 | 每个子类应当是紧致的，相互间是尽可能分离的 | 最佳分类的数据结构提供的统计信息最好 |
| 优点 | 简单、运算量小 | 与数据集结构密切相关 | 与数据分布密切相关 |
| 缺点 | 与数据集的结构特征缺乏直接联系 | 表述较复杂、运算量大 | 性能依赖统计假设与数据集分布的一致性 |
| 代表性有效性函数 | 分离度，划分熵，比例系数，基于可能性分布的函数 | Xie－Beni 指标，划分系数，分离系数，基于图论的方法 | PFS 聚类，自举法，熵形式的有效性函数 |

单一的度量方式不能解决所有可能的聚类有效性问题，因此现有的有效性函数将长期存在。另外，现有聚类有效性函数多是针对 c 均值算法的，很少有人讨论面向其他原型聚类的有效性问题，此外对可能性聚类、半模糊聚类的有效性度量也有待于进一步研究，以完善聚类有效性理论。

上述模糊聚类有效性函数，主要被用来确定合理的聚类数，以保证算法得到更有效的分类结果。而在实际的聚类中，即使分类数选取的合适，由于选取的算法不合适或者算法的参数选取得不合适，也可能得不到数据的真实结构。这促使人们寻找能指导聚类算法得到更符合实际分类的函数。如 Bensaid 修改了 Xie－Beni 指标，提出了一个指导分类的新标准，并在其文章中明确指出对聚类有效性函数的研究不仅能回答数据集的最佳分类问题，而且能有效地指导聚类算法得到更符合实际的分类。

## 3.4　模糊 c－均值算法存在的问题

在众多的聚类算法中，以模糊 c－均值类型的算法理论最为完善，它不仅有着深厚的数学基础（正交投影和均方逼近理论），而且在很多领域已经获得了成功的应用，是目前最实用也最受欢迎的算法之一。即便如此，该算法仍不是无懈可击的，还遗留了很多问题有待解决。下面把主要的问题列举如下：

（1）FCM 类型的聚类分析是一种划分方法，不管数据集在特征空间中是否存在自然结构，给定一个分类数 $c$，就输出数据集的 $c$ 划分。因此，算法存在一个不合理的假设：待分析的数据集是可聚的。

这一不合理假设的存在使得现有 FCM 类型的算法不分析数据集的可聚性，而硬性对数据施加一定的隶属关系。这条造成了即使数据在特征空间中是均匀分布的，不存在任何聚类结构，FCM 类型的算法也会毫无道理地对数据集进行模糊 c－划分，从而使得对聚类分析结果的解释产生困难。如图 3－1(a) 所示，为均匀分布的数据集，从图中可以看出其中没有自然结构，但给定 $c=3$，FCM 算法就会产生图 3－1(b) 所示的划分（不同类别的样本分别用不同的标记表示），而且初始化不同则产生的数据划分亦不同。因此，很难对聚类结果做出合理的解释，也就无从揭示数据中包含的结构信息、帮助用户产生新的观点或形成新的假设。由此可见，要避免不适当或无意义地使用 FCM 类型的算法，必须检验给定数据集中有无聚类趋势。

（2）FCM 类型的算法中，聚类类别数 $c$ 要求事先给定。一方面它需要有关数据集的先验知识，从而影响了聚类算法的无监督性能；另一方面存在聚类结果的有效性判决问题，包括分类的正确性和聚类数目的合理性。

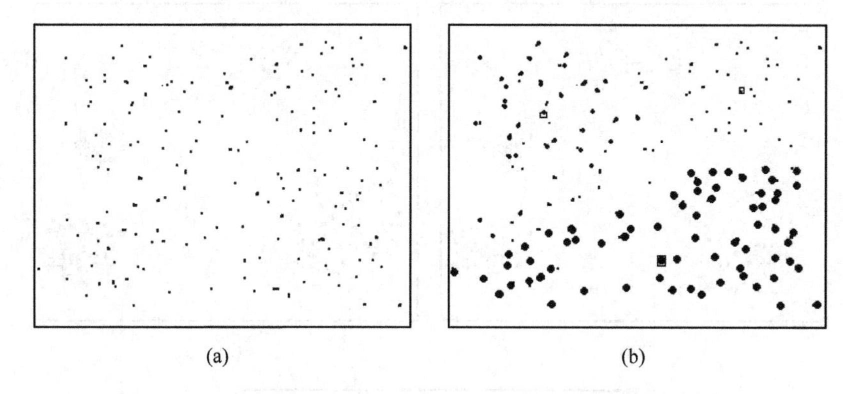

图 3 - 1 FCM 算法的弱点之一：不合理的默认数据集的可聚性
（a）一个空间均匀分布的数据集；（b）FCM 算法对数据集的 3 划分

由于 FCM 算法要求聚类类别数 $c$ 的先验知识，而对于大多数开发性数据而言，关于数据的空间分布及结构的先验知识是很少的，或者一点也没有，有时候往往希望聚类分析能揭示这些信息，因此这一要求限制了 FCM 类型算法的实际应用。如图 3 - 2 所示给出了一个示例说明 FCM 算法的这一弱点，图 3 - 2(a) 为无任何先验知识的数据集，FCM 在 $c=3$ 和 $c=4$ 时的划分分别显示在图 3 - 2(b) 和图 3 - 2(c) 中。由于该数据为二维情况，从图中可以很清楚地得出 $c=4$ 更合理的结论，但高维的情况如何确定呢？这就要求聚类分析中还需要研究聚类结果的有效性，以判决算法识别出的聚类是否真实。

（3）现有的 FCM 类型的模糊聚类算法只能检测类内紧致（Compact）、类间较好分离（Well - separated）以及球形（Spherically Shaped）聚类子集。这就使得 FCM 算法不能直接检测不规则结构的模式子集。例如图 3 - 3 所示的数据集，即使已知其类别数 $c=2$，FCM 算法也无法直接得到其 2 划分。

由上述分析可知，FCM 类型的算法还有待完善，要更全面、更合理地分析无标记数据集，必须增强 FCM 算法的功能，建立如图 3 - 4 所示的模式综合分析方法，即要求对数据的分析应同时考虑以下四个问题。

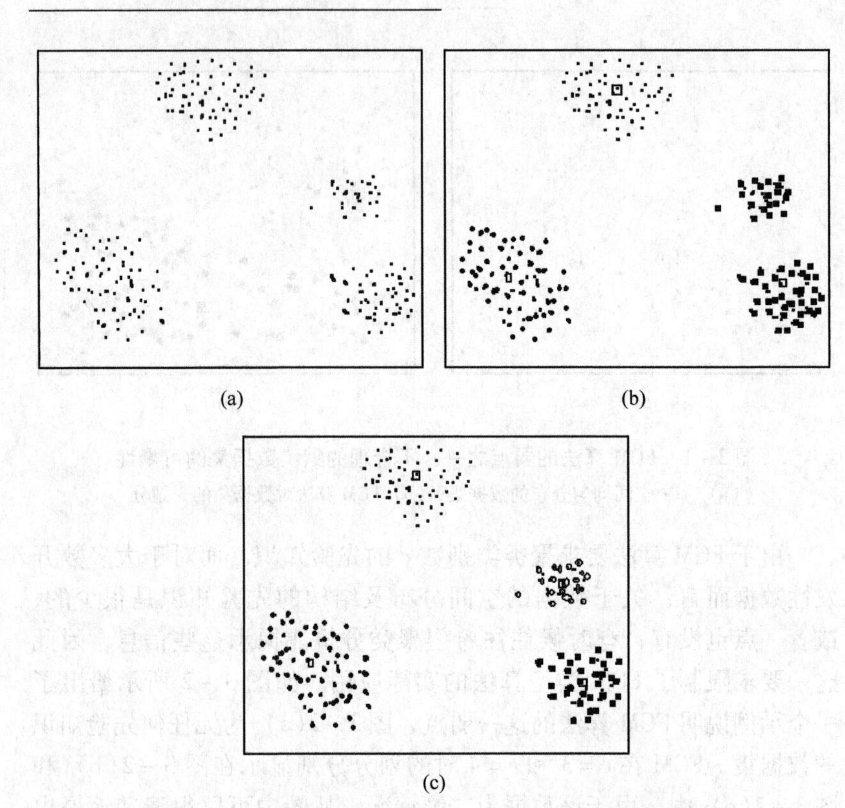


图 3－2　FCM 算法的弱点之二：要求类别数目的先验知识
（a）无空间分布先验知识的数据集；（b）FCM 算法得到的模糊 3 划分；
（c）数据集的模糊 4 划分

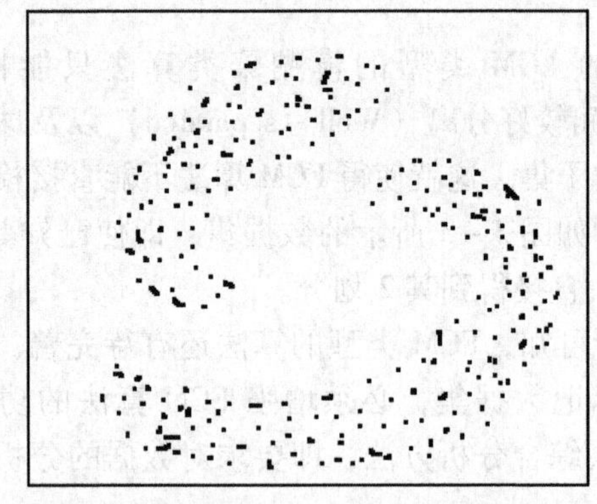

图 3－3　FCM 算法的弱点之三：无法直接检测不规则的聚类结构

问题 1：数据集 $X$ 是否是随机的？即对于类数 $c$，$X$ 是否有聚类结构？

问题 2：如果 $X$ 有聚类结构，如何确定这些结构？

问题 3：一旦 $X$ 被划分，如何确定划分结果的合理性？

问题 4：聚类子集间有无聚类趋势，能否给出数据集的多分辨表示？

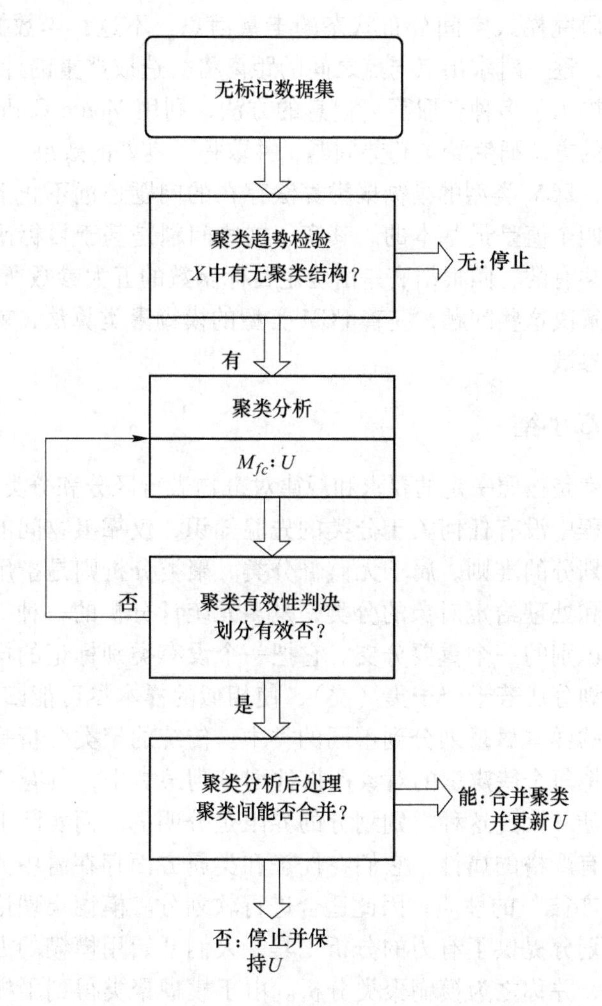


图 3－4 无标记数据综合分析流程图

人们迄今已经提出许多方法来检验聚类趋势，早期的工作主要局限在二维空间中，依靠许多形式的铅块抽样方法，在生态学中有较多应用。另外，还有基于近邻信息、局部邻域的模式计数或最小生成树（MST，Minimum Spanning Tree）的方法。基于 MST 的方法由于计算上的考虑只限于二维或三维空间。

现在应用最为广泛的方法为距离信息法，因为点与点之间的距离蕴含了研究模式空间分布状态的丰富信息。不过，当数据个数 $n$ 比较大时，逐一对求出点与点之间的距离将会造成严重的计算负担，因此人们提出了多种获取距离信息的方法，利用 Monte Carlo 和统计假设检验的方法研究聚类趋势问题，并取得了良好的效果。

当然，FCM 类型的模糊聚类算法存在的问题还远不止上述这四个，但这四个值是最基本的。其实，这些问题是基于目标函数的模糊聚类所共有的，归根结底是由确定目标函数的五大参数所引起的。因此，要解决这些问题，完善 FCM 类型的模糊聚类算法，就必须优化相关的参数。

## 3.5 本章小结

聚类就是按照一定的要求和规律对事物进行区分和分类的过程，在这一过程中没有任何关于分类的先验知识，仅靠事物间的相似性作为类属划分的准则，属于无监督分类。聚类分析则是指用数学的方法研究和处理给定对象的分类，是多元统计分析的一种，也是非监督模式识别的一个重要分支。它把一个没有类别标记的样本集按某种准则划分成若干个子集（类），使相似的样本尽可能归为一类，而不相似的样本尽量划分到不同的类中。传统的聚类分析是一种硬划分，它把每个待辨识的对象严格地划分到某类中，具有“非此即彼”的性质，因此这种类别划分的界限是分明的。而实际上大多数对象并没有严格的属性，它们在性态和类属方面存在着中介性，具有“亦此亦彼”的性质，因此适合进行软划分。模糊集理论的提出为这种软划分提供了有力的分析工具，人们开始用模糊的方法处理聚类问题，并称之为模糊聚类分析。由于模糊聚类得到了样本属于各个类别的不确定性程度，表达了样本类属的中介性，更能客观地反映现实世界，从而成为聚类分析研究的主流，而其中模糊 c－均值算法就是最经典的模糊聚类算法，也是目前国际和国内学者的研究热点。

基于目标的模糊 c－均值算法是通过迭代的爬山算法来寻找问题的最优解的，目标函数中使用欧氏距离。模糊 c－均值算法并不适合所有的数据类型，它不能处理非球形簇、不同尺寸和不同密度的簇，尽管指定足够大的簇个数时它通常可以发现纯子簇。此外，模糊 c－均值算法认为数据中样本矢量的各特征贡献均匀，未考虑特征的重要程度对聚类的影响。在实验过程中，也发现 FCM 算法在处理属性高相关的数据集时，错误率增加。针对上述的缺点和不足，我们从两个方面对经典的 FCM 算法进行了改进，具体工作在下面章节介绍。

# 4 马氏距离基本原理和处理方法

距离是通过属性数据衡量对象之间相似程度的指标或者说分类统计量。通常在我们进行样本聚类之前会进行变量聚类，即使直接进行样本聚类，我们也需要对使用何种距离来进行聚类有所选择。目前，聚类分析常用的距离主要有以下两种：一是加权的明可夫斯基（Minkowski）距离，此种距离尺度通过权重来反映各指标不同的重要性对分类的影响，不足之处在于它忽视了指标变量间的交互关系；二是马氏（Mahalanobis）距离，考虑到了指标变量的协方差矩阵结构（相关性）对分类的影响，但忽略了各指标变量相对重要程度的差异。

具体而言，在对样本进行聚类分析的过程中，我们发现，样本总体的各个指标观测值的稳定性对使用不同的距离方法具有很大的影响。在使用明可夫斯基距离时，它将样品的不同属性（即各指标或各变量）之间的差别等同看待，在这里，明可夫斯基距离的思想就是尽量利用指标观测值之间的绝对差异，造成结果中方差大的指标权重更大一些，样本的指标观测值的方差越大，距离分析的结果意义越明确；而使用马氏距离则不同，经验表明，往往使用观测值的方差较小的指标来进行聚类效果更好。如果使用马氏距离，由于通过变量向量的斜方差矩阵的“逆”对变量的绝对差加权，这就造成了两个结果：马氏距离的特性一方面使得它消除了量纲不同对聚类分析的影响，排除变量之间的相关性的干扰；另一方面也使得对样本测距而言，使方差小的指标变量得到了相对更大的权重，夸大了变化微小的变量的作用，尤其是 $R$ 型聚类尤其明显。在实践中，马氏距离得到了广泛的应用，许多学者也对它提出了各种各样的改进，比如朱惠倩在《聚类分析的一种改进方法》中提出的加权马氏距离等。我们也是根据马氏距离与欧氏距离的区别，利用马氏距离所特有的优点，对经典的 FCM 算法加以改进。

## 4.1 马氏距离方法基本原理

马氏距离是一种有效的计算两个未知样本集的相似度方法，它表示数据的协方差距离。与欧氏距离不同的是它考虑到各种特性之间的联系（例如：一条关于身高的信息会带来一条关于体重的信息，因为两者是有关联的）并且是尺度无关的（Scale - invariant），即独立于测量尺度。

设样本为（$x_i$，$y_i$）$\in R^n \times R^1$（$i=1$，2，…，$m$），共有 $m$ 个样本，$x_i$ 是 $n$ 维特征矢量，$y_i \in \{-1, 1\}$ 表示 $x_i$ 的类标号。令 $X$ 代表 $m \times n$ 的输入矩阵，每行为一个样本，则样本的均值、自相关矩阵和协方差矩阵可用矩阵表示为：

$$
\begin{aligned}
&\mu = E\{X\} = X^T\left(\frac{1}{m}\right)_{m\times 1} \\
&S = \left(\frac{1}{m}\right)X^TX, \Sigma = E\{(X-\mu)^T\} = \left(\frac{1}{m}\right)X^TX - \mu\mu^T
\end{aligned}
\tag{4-1}
$$

式中，$\left(\frac{1}{m}\right)_{m\times 1}$ 代表元素均为$\frac{1}{m}$的 $m$ 维列矢量。样本 $x_i$ 到样本总体 $X$ 的马氏距离定义为：

$$
d^2(x_i, X) = (x_i - \mu)^T \Sigma_i^{-1} (x_i - \mu) \tag{4-2}
$$

马氏距离具有三个性质：平移不变性、旋转不变性和仿射不变性。马氏距离有很多优点，它不受量纲的影响，两点之间的马氏距离与原始数据的测量单位无关；由标准化数据和中心化数据（即原始数据与均值之差）计算出的两点之间的马氏距离相同。马氏距离还可以排除变量之间的相关性的干扰。它的缺点是夸大了变化微小的变量的作用。

## 4.2 马氏距离中奇异问题的解决方法

由于马氏距离表示的是协方差矩阵，那么协方差矩阵 $\Sigma_i$ 可能是奇异的，将导致无法直接求马氏距离。根据矩阵理论，任一秩为 $r$ 的实对称半正定矩阵都可以按下述方式分解，$\Sigma_i$ 为实对称半正定矩阵，设 $\Sigma_i$ 的秩为 $r$，则 $\Sigma_i$ 可以分解为 $\Sigma_i = A^TGA$，$G$ 为 $r \times r$ 的对角阵，它由 $\Sigma_i$ 的非 0 特征值构成，$G$ 是非奇异的。$A$ 为 $r \times m$ 矩阵，由 $G$ 中特征值所对应的特征向量构成，它构成了 $\Sigma_i$ 的非退化子空间，且 $AA^T$ 为 $r \times r$ 的单位阵。有了这一分解，便可根据 $G$ 的逆来求 $\Sigma_i$ 的伪逆：

$$\Sigma_i^+ = A^T G^{-1} A \tag{4-3}$$

除了由协方差矩阵的非零特征值及相应的特征向量来求 $\Sigma_i$ 的伪逆，还可由样本的内积来求 $\Sigma_i^+$。

**定义**：令样本的内积矩阵为 $K = \{x_i \cdot x_j\}_{i,j}$，1 代表元素均为 $\frac{1}{m}$ 的 $m \times m$ 矩阵，则中心矩阵 $K_c$ 的定义为：

$$K_c = K - 1K - K1 + 1K1 \tag{4-4}$$

易知 $S$、$\Sigma$、$K$、$K_c$ 均为实对称半正定矩阵，且有以下定理：

**定理**：设 $S$、$\Sigma$、$K$、$K_c$ 的分解形式为：

$$S = U^T D U \tag{4-5}$$

$$\Sigma = V^T E V \tag{4-6}$$

$$K = \alpha^T \Lambda \alpha \tag{4-7}$$

$$K_c = \beta^T \Omega \beta \tag{4-8}$$

$$D = \left(\frac{1}{m}\right)\Lambda \tag{4-9}$$

$$U = \Lambda^{-\frac{1}{2}} \alpha X \tag{4-10}$$

$$E = \left(\frac{1}{m}\right)\Omega \tag{4-11}$$

$$V = \Omega^{-\frac{1}{2}} \beta X \tag{4-12}$$

根据式（4-6）、式（4-11）和式（4-12）有：

$$\Sigma^+ = m X^T \beta^T \Omega^{-2} \beta X \tag{4-13}$$

式中，$\Omega^{-2}$ 表示 $\Omega$ 的平方伪逆。在输入空间可由样本的内积矩阵出发逐步求出 $\Sigma^+$。

如果样本是非线性可分的，需要采用非线性映射将样本映射到高维特征空间中，为了不显示定义非线性映射，仍然采用核函数来代替特征空间中的内积，这时内积矩阵为：

$$K = \{K(x_i \cdot x_j)\}_{i,j}$$

由式（4-2）和式（4-13）得：

$$\begin{aligned} d^2(x_i,X) &= (x_i - \mu)^T \Sigma_i^{-1}(x_i - \mu) \\ &= (Xx_i - X\mu)^T m\beta\Omega^{-2}\beta(Xx_i - X\mu) \end{aligned}$$

引入样本 $x_i$ 及均值 $\mu$ 在样本总体 $X$ 上的经验核映射为：

$$x_{iX} = Xx_i = K(X,x_i) = (K(x_1 \cdot x_i),K(x_2 \cdot x_i),\cdots,K(x_m \cdot x_i))^T$$

$$\mu_X = X\mu = XX^T \cdot \left(\frac{1}{m}\right)_{m\times 1} = K \cdot \left(\frac{1}{m}\right)_{m\times 1}$$

特征空间中的马氏距离表示为：

$$d^2(x_i,X) = (x_{iX} - \mu_X)^T m\beta^T\Omega^{-2}\beta(x_{iX} - \mu_X) \tag{4-14}$$

该距离可由核函数表示的内积计算出来，而不必涉及非线性映射。还应注意，不论在输入空间还是在特征空间中，求协方差矩阵的伪逆都和内积矩阵相关，也就是说不再和特征矢量的维数相关，而是和样本数目有关，因而在高维特征空间中带来计算上的优势，在无穷维特征空间中解决了计算上存在的问题。

## 4.3 马氏距离的应用

模式识别中常利用样本间的距离表示其间的差异，根据样本到各类距离的远近来判断样本所属的类别，马氏距离就是其中最常用的一种。马氏距离最初被应用于模式识别中，随着对马氏距离的深入研究，现在它已被广泛地应用于各个领域。

### 4.3.1 马氏距离在模式识别中的应用

马氏距离在模式识别中的应用是最为广泛的，其中聚类分析的应用是一个研究热点：如利用马氏距离进行模糊聚类参数的研究；马氏距离在数据聚类与分类中的研究；在 k-NN 的支持向量机中的应用，特征选取方面的应用等。此外，马氏距离还被应用于图像分割、图像检索、人脸识别、运动意识分类等不同的模式识别领域。总之，马氏距离在模式识别中的应用未来还有很大的研究空间。

综合以往马氏距离在模式识别中的应用，主要有两种情况：一种是将马氏距离与其他聚类分类算法相结合应用于各种领域；另一种是用马氏距离进行数据预处理，比如进行特征加权、特征选取、特征优化等。

### 4.3.2 马氏距离在其他领域的应用

最近几年，马氏距离被应用到许多其他领域，都取得了较好的效果。例如在地球化学异常值检测中，发展了基于稳健马氏距离的异常值检测方法；医疗检测方面有马田系统。此外，隐式马氏距离也是马氏距离研究的另一个热点，隐式马氏距离大量的新应用出现在诸如神经生理学、生物学、经济学、控制、光谱估计、雷达、声纳、图像信号处理、错误探测、机器人技术和测量学等领域。

## 4.4 本章小结

本章首先分析了马氏距离与欧氏距离的差异，然后详细介绍了马氏距离的基本原理以及在求解协方差矩阵时出现奇异问题的解决方法，并简要介绍了马氏距离近年来在模式识别以及其他领域的主要应用。由于笔者是想将马氏矩阵应用于经典的模糊聚类算法中，因为传统的模糊聚类是基于欧氏距离的，所以笔者在本章专门介绍了马氏距离的特点和一些实际应用中的解决方法。

# 5 马氏距离在模糊聚类中的应用

基于上两章对 FCM 算法和马氏距离的分析，我们提出了两种针对经典 FCM 存在的问题的改进方法：其一是基于马氏距离的模糊 c－均值算法，它将 FCM 中的欧氏距离用马氏距离替代，并在目标函数中增加一个协方差调节因子；其二是首先将数据进行马氏距离特征加权预处理，我们给出了马氏距离特征加权的新方法，然后将处理后的数据集进行 FCM 聚类。两种方法均进行了实验验证，并给出了实验的具体分析。此外，笔者还将马氏距离改进的模糊聚类算法应用于增量学习中，用实验验证笔者的方法可行性，本章的内容均来自于笔者的自身研究，相关研究工作参考了国内外学者的相关论文。

## 5.1 基于马氏距离的 FCM 算法（FCM－M）

经典的 FCM 算法是针对特征空间中的点集设计的，只适合于球形数据，而适用于非球形或椭球形结构的许多算法，如 BANG 聚类系统（Schikuta 和 Erhart）和 DENCLUE 算法（Hinneburg 和 Keim）都在处理高维数据时效果很差。针对上述缺点，我们提出了一种基于马氏距离的 FCM（FCM－M）算法，将经典的 FCM 聚类中的欧氏距离用马氏距离替代，利用马氏距离可以自适应地调整数据的几何分布，从而使相似数据点的距离较小的优点，很好地解决了欧氏距离在计算数据集属性相关，并且数据分布近似于高斯分布时，误分率会增加的缺点。

### 5.1.1 新算法提出

经典的 FCM 算法的优化目标函数为：

$$J_{\mathrm{FCM}}^{m}(U,A,X) = \sum_{i=1}^{c}\sum_{j=1}^{n} u_{ij}^{m} d_{ij}^{2} = \sum_{i=1}^{c}\sum_{j=1}^{n} u_{ij}^{m} \| x_j - a_i \|$$

在此基础上我们将马氏距离替代欧氏距离，并在目标函数上引

进一个协方差调节因子：$-\ln|\Sigma_i^{-1}|$，从而 FCM－M 算法的优化目标函数为：

$$\mathrm{Min}J_{\mathrm{FCM-M}}^{m}(U,A,\Sigma,X)=\sum_{i=1}^{c}\sum_{j=1}^{n}u_{ij}^{m}[(x_j-\alpha_i)'\Sigma_i^{-1}(x_j-\alpha_i)-\ln|\Sigma_i^{-1}|]$$

$$(s.t.\ u_{ij}\in[0,1];\sum_{i=1}^{c}u_{ij}=1;0<\sum_{j=1}^{n}u_{ij}<n;i=1,2,\cdots,c;j=1,2,\cdots,n) \tag{5-1}$$

该优化问题的 Lagrange 算子式为：

$$J=\sum_{i=1}^{c}\sum_{j=1}^{n}(u_{ij}^{m})[(x_j-\alpha_i)'\Sigma_i^{-1}(x_j-\alpha_i)-\ln|\Sigma_i^{-1}|]+$$

$$\sum_{j=1}^{n}\alpha_j(1-\sum_{i=1}^{c}u_{ij})\quad(0\leqslant\alpha_j\leqslant1,j=1,2,\cdots,n)$$

最小化该 Lagrange 算子，对 $J$ 关于 $a_i$、$\alpha_j$、$u_{ij}$、$\Sigma_i$ 求偏导，并令它们等于零：

$$\frac{\partial J}{\partial\alpha_j}=0\Rightarrow\alpha_j=[\sum_{j=1}^{n}u_{ij}^{m}]^{-1}[\sum_{j=1}^{n}u_{ij}^{m}x_j]\quad(i=1,2,\cdots,c) \tag{5-2}$$

$$\frac{\partial J}{\partial\alpha_j}=0\Rightarrow\sum_{i=1}^{c}u_{ij}=1\quad(j=1,2,\cdots,n) \tag{5-3}$$

$$\frac{\partial J}{\partial u_{ij}}=0\Rightarrow u_{ij}=\left[\sum_{s=1}^{c}\left[\frac{(x_j-\alpha_i)'\Sigma_i^{-1}(x_j-\alpha_i)}{(x_j-\alpha_s)'\Sigma_i^{-1}(x_j-\alpha_s)}\right]^{\frac{1}{m-1}}\right]^{-1}$$

$$(i=1,2,\cdots,c,j=1,2,\cdots,n) \tag{5-4}$$

$$\frac{\partial J}{\partial\Sigma_i}=0\Rightarrow\Sigma_i$$

$$=\frac{\sum_{j=1}^{n}u_{ij}^{m}(x_j-a_i)(x_j-a_i)'}{\sum_{j=1}^{n}u_{ij}^{m}}\quad(i=1,2,\cdots,c) \tag{5-5}$$

FCM－M 算法描述如下：

初始化：给定聚类类别数 $c$，$2\leqslant c\leqslant n$，$n$ 是数据个数，设定迭代停止阈值 $\varepsilon$，初始化聚类中心矩阵 $A^{(0)}$，设置迭代计数器 $b=0$。

步骤一：用式（5－4）计算或更新隶属度矩阵 $U^{(b)}$。

步骤二：用式（5－2）更新聚类中心矩阵 $A^{(b+1)}$。

步骤三：如果 $\| A^{(b)} - A^{(b+1)} \| < \varepsilon$，则算法停止并输出隶属度矩阵 $U$ 和聚类中心 $A$，否则令 $b = b + 1$，转向步骤一。其中，$\| \cdot \|$ 为某种合适的矩阵范数。

### 5.1.2 实验结果及分析

为了验证该算法的有效性，以下给出了数据聚类和图像分割两组实验，并与经典的 FCM 算法进行比较。在我们提出的 FCM－M 算法中，矩阵内积运算时采用 RBF 核函数 $K(x_i, x_j) = e^{\frac{\| x_i - x_j \|^2}{2\sigma^2}}$，并设定参数 $\sigma = 0.5$。算法的测试平台为 Windows XP，测试环境为 CPU P4 2.66G，内存 256M 的 PC 机，均用 Matlab 语言实现。

（1）UCI 数据的聚类实验。我们从 UCI 数据库里选择了 4 个数据集：Iris、Glass、Wine 和 Pima 数据集来对算法进行验证，以下分别给出每一个数据集详细分析。因为 FCM－M 算法适用于处理属性高相关的数据集，因此我们给出了各数据集的皮尔森相关系数图，用以比较实验结果。

Iris 数据集：Iris 数据集是国际公认的比较无监督聚类方法效果好坏的典型数据。它由美国航天航空局（NASA）提供，全名为鸢尾花数据库（Iris Plants Databases），内容为 3 种花萼和花瓣的长度和宽度不同的鸢尾花植物。该数据集由 4 维空间的 150 个样本组成，每个样本的 4 个属性分别表示 Iris 数据的 petallength、petalwidth、sepallength 和 sepalwidth，它共有 3 个种类 Setosa、Versicolor、virglniea，每类 50 个样本。第一类与其他两类完全分离，而第二类与第三类之间有交叉，有很多学者认为 Iris 数据分为两类也可以。图 5－1 给出 Iris 数据集的属性皮尔森相关系数。

Glass 数据集：Glass 数据集是由英国一个法医办事处中心研究机构提供，全名为 Glass Identification Database，内容为玻璃识别成分分析数据。该数据集由 214 个样本组成，每个样本有 9 个连续属性（不含 ID 号），共分为六类：第一类 70 个样本、第二类 76 个样本、

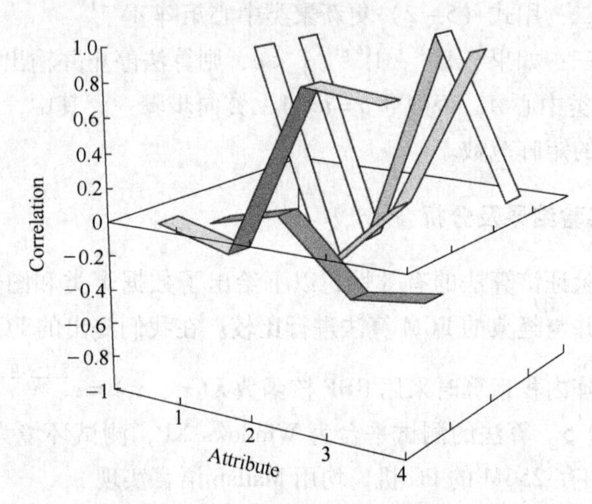


图 5－1　Iris 数据属性的皮尔森相关系数

第三类 17 个样本、第四类 13 个样本、第五类 9 个样本、第六类 29 个样本。样本均为数值型，且无缺失。图 5－2 给出 Glass 数据集的属性皮尔森相关系数。

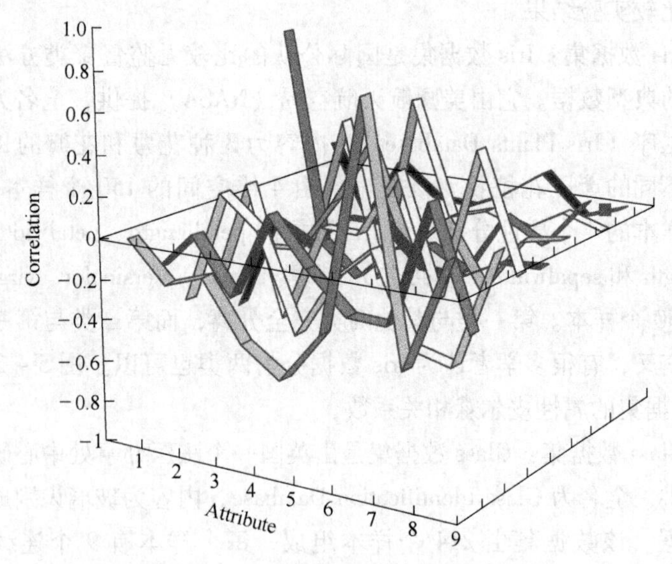


图 5－2　Glass 数据属性的皮尔森相关系数

Wine 数据集：Wine 数据集是非常受欢迎的用于聚类分析的数据集，内容为产自意大利三种不同品种的葡萄酒的成分分析数据。该数据集由 178 个样本组成，每个样本有 13 个连续属性，共分为三类：第一类含 59 个样本、第二类含 71 个样本、第三类含 48 个样本。样本值均为数值型，且无缺失。图 5－3 给出 Wine 数据集的属性皮尔森相关系数。

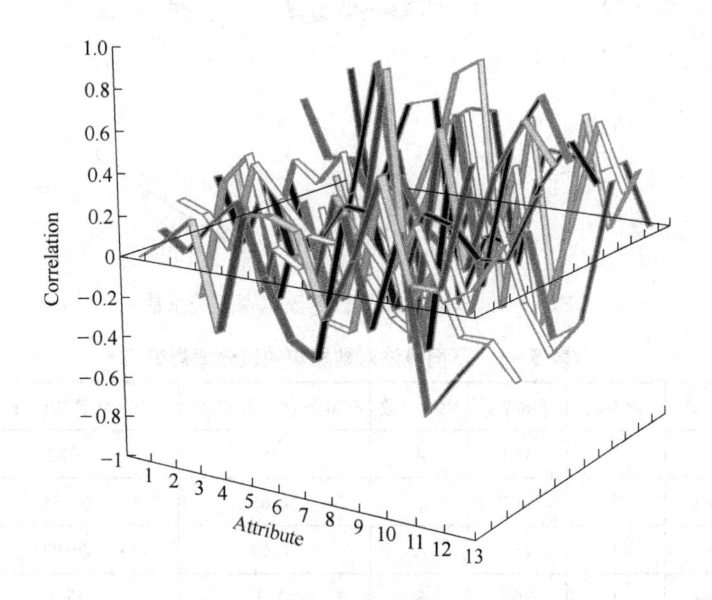


图 5－3　Wine 数据属性的皮尔森相关系数

Pima 数据集（也称 Diabetes 数据集）：Pima 数据集是由国家糖尿病、消化和肾病研究所提供的数据集，全名为 Pima Indians Diabetes Data Set，内容为印度 Pima 地区 21 岁以上女性糖尿病患者的诊断数据分析。该数据集由 768 个样本组成，每个样本有 8 个连续属性，共分为两类：第一类含 500 个样本、第二类含 268 个样本。样本均为数值型，且无缺失。图 5－4 给出 Pima 数据集的属性皮尔森相关系数。

FCM－M 算法与标准的 FCM 算法的聚类结果比较见表 5－1。

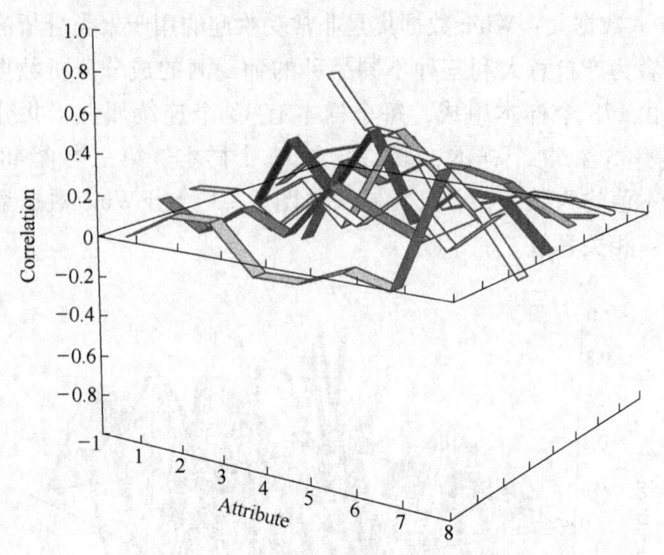


图 5－4　Pima 数据属性的皮尔森相关系数

**表 5－1　不同算法对数据集的误分率影响**

| 数据集 | 类别数 | 样本个数 | 属性个数 | FCM 算法误分率/% | FCM－M 算法误分率/% |
| --- | --- | --- | --- | --- | --- |
| Iris | 3 | 150 | 4 | 10 | 5.33 |
| Glass | 6 | 214 | 9 | 74.66 | 60.75 |
| Wine | 3 | 178 | 13 | 51.69 | 26.97 |
| Pima | 2 | 768 | 8 | 41.2 | 36.1 |

由表 5－1 结果可以看出，我们提出的 FCM－M 算法比标准的 FCM 算法的聚类精度高，尤其是在处理高维数据时具有更好的优越性。

（2）图像分割实验。基于 FCM 的图像分割是应用较为广泛的方法之一，其具有描述简洁、易于实现、分割效果好等优点。我们选取 3 幅常用的灰度图进行分割实验，并将 FCM－M 算法与经典的 FCM 算法的灰度图像分割做比较，结果如图 5－5 所示。

由图 5－5 的细节可知我们提供的方法在分割结果上有更好的效果。

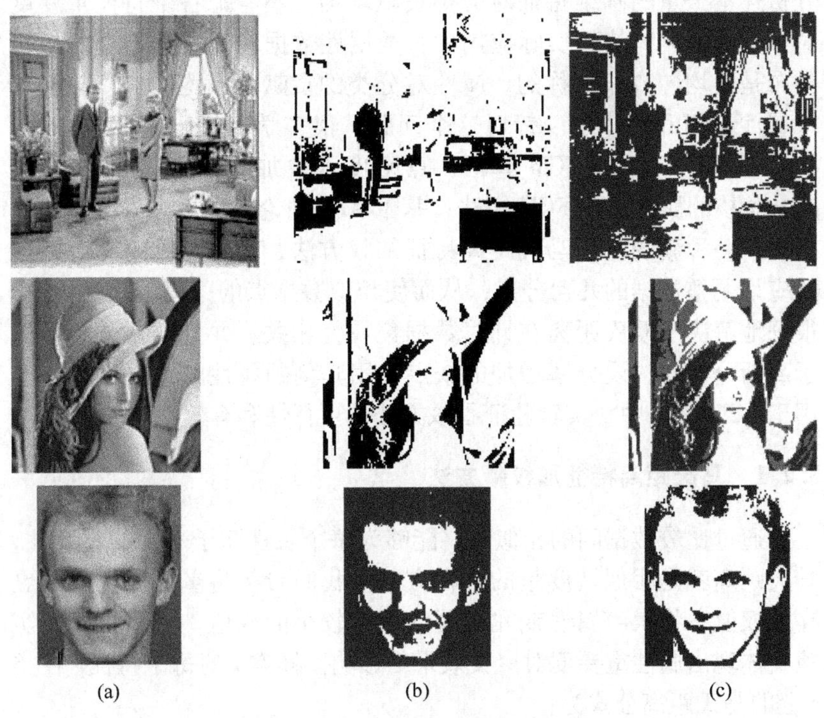

(a)　(b)　(c)

图5－5　两种算法的分割结果
（a）原始测试图像；（b）FCM分割结果；（c）FCM－M分割结果

从实验结果可以看出，我们提出的FCM－M算法能完成非球形或椭圆形分布的数据集的聚类，尤其在处理相关性比较大的数据集时具有比欧氏距离更好的扩展性。但该方法在处理相关性比较小的数据集时并不占优势，而且在对图像分割时也存在分割时间过长的缺点，这些方面还有待进一步研究。

## 5.2　基于马氏距离特征加权的模糊距离新算法(MF－FCM)

特征加权是一种保留或删除特征的可供选择的办法。特征越重要，所赋予的权值越大，而不太重要的特征赋予较小的权值。有时，这些权值根据特征的相对重要性的领域知识确定。

经典的FCM算法是针对特征空间中的点集设计的，隐含假定待分析样本矢量的各维特征对分类贡献均匀，不考虑各个特征重要度对分类的影响。然而实际应用中，类属性数据和混合型数据的样本分布是非均匀或非对称的，属性对分类的贡献是不均匀的，甚至有些属性起到冗余作用。针对这个问题，很多学者提出了改进方法：如基于属性权重的 FCM 算法；点密度函数加权 FCM 方法；基于 mercer 核的属性加权 FCM 方法；基于 AFS 理论模糊聚类方法。我们提出了一种新的基于马氏距离特征加权方法，利用马氏距离可以自适应地调整数据的几何分布，从而使相似数据点的距离较小的优点，很好地解决了欧氏距离在计算数据集属性相关，并且数据分布类似于高斯分布时，误分率增加的缺点，用其刻画属性的重要程度并应用于 FCM 算法中，实验验证了该方法的可行性和有效性。

### 5.2.1 马氏距离特征加权新方法

通过比较数据间的相似性，能够为每个属性赋予不同的重要性，马氏距离就是相似性度量的一种方法。我们希望将重要属性赋予更高的权值，将噪声属性或冗余属性赋予较小的权值，从而在聚类实验中体现出属性重要度对聚类效果的影响。样本 $i$ 的每个特征 $j$ 在类 $c$ 上的马氏距离公式为：

$$D_{i,c}[j] = (x_i[j] - \mu_c[j])\Sigma_c[j,j]^{-1}(x_i[j] - \mu_c[j]) \quad (5-6)$$

我们在这个公式基础上提出两种不同的马氏距离加权方法将其应用于模糊聚类中。

(1) 标准化方法进行马氏距离加权。在这种方法中，我们的目标是将平均距离标准化从而选择权值使样本的每个属性对相似性度量有相同的影响。将马氏距离矢量按均值排序 $D^{sort}[1] \leqslant D^{sort}[2] \leqslant \cdots \leqslant D^{sort}[N]$ 后，求样本在每类的马氏距离和并将其标准化后得到权值：

$$D^{sum}[j] = \frac{1}{M}\frac{1}{C}\sum_{i=1}^{M}\sum_{c=1}^{C}D_{i,c}^{sort}[j]$$

$$w[j] = N \cdot \frac{\dfrac{1}{D^{sum}[j]}}{\sum\limits_{a=1}^{N}\dfrac{1}{D^{sum}[a]}} \quad (5-7)$$

这里 $N$ 为属性个数，$M$ 为样本数，$C$ 为类别数，且 $1 \leqslant j \leqslant N$。

（2）根据属性重要度进行马氏距离加权。在这种方法中，我们的目标是将样本中属性相关性比较大的特征赋予较高的权值，噪声属性或冗余属性赋予较小的权值，从而在实际聚类中体现属性的重要度。首先，分别计算各属性的 $d[j]$，标准化 $d[j]$ 并将其反置得到权值：

$$d_{i,c}[j] = \sum_{a=1}^{N} |D_{i,c}[j] - D_{i,c}[a]|$$

$$w_{i,c}[j] = \frac{\sum_{a=1}^{N} d_{i,c}[a]}{N \cdot d_{i,c}[j]} \quad (5-8)$$

这里 $N$ 为属性个数，$M$ 为样本数，$C$ 为类别数，且 $1 \leqslant j \leqslant N$，$1 \leqslant i \leqslant M$。

式（5－7）和式（5－8）中的权值都必须满足约束条件：

$$w[j] \geqslant 0, \sum_{j=1}^{N} w[j] = N \quad (1 \leqslant j \leqslant N) \quad (5-9)$$

## 5.2.2　实验结果及分析

我们仍然选用5.1.2节所描述的4个UCI数据集：Iris、Glass、Wine和Pima数据集来对算法进行验证。本实验采用基于属性重要度的马氏距离加权方法，首先将各数据集用式（5－9）加权预处理，然后用FCM算法聚类（MF－FCM）。表5－2给出了不同特征加权方法对数据集的比较结果。

**表5－2　不同算法聚类结果的比较**

| 数据集 | 算法 | 精确度/% |
| --- | --- | --- |
| Iris | FCM | 89.33 |
| | AFS－FCM | 96.7 |
| | Mercer－FCM | 96 |
| | MF－FCM | 91.23 |

续表 5 – 2

| 数据集 | 算法 | 精确度/% |
| --- | --- | --- |
| Glass | FCM | 25.34 |
| | FCM – M | 39.25 |
| | MF – FCM | 90.19 |
| Wine | FCM | 48.31 |
| | FCM – M | 73.03 |
| | MF – FCM | 71.35 |
| Pima | FCM | 58.8 |
| | MF – FCM | 80.73 |

实验分析：

（1）MF – FCM 算法的聚类结果均优于经典的 FCM 算法。

（2）针对不同的数据集，MF – FCM 算法对聚类结果的改善程度是不一样的。当数据集的属性相关度差异越大，MF – FCM 算法的精确度会得到明显的提高，如 Glass 数据集精确度得到最大改善，其次是 Wine 和 Pime 数据集。

（3）本文进行的所有实验中 MF – FCM 算法均收敛。

（4）MF – FCM 算法聚类结果的改善是以学习权重为代价的，其时间复杂度为 $O(cn^2)$。

（5）FCM – M 算法不对属性加权，是直接将马氏距离代替经典 FCM 算法中的欧氏距离，在 Wine 数据集中取得了比 MF – FCM 算法更好的精度，这说明 MF – FCM 算法的适用不仅跟数据集的属性相关度有关，而且应该有个最优范围，这也是我们以后有待研究的问题。

## 5.3　基于马氏距离的模糊 c – 均值增量学习算法

数据挖掘过程面对的一个重要问题是不断演化的新数据。数据挖掘过程中最重要的一点是，分类器不断地适应这种不断变化的新数据，这时我们就需要增量学习；一种随着新数据的发生这个过程也要跟着发生变化的学习。对大批量数据集（如商场销售记录、多媒体数据）进行处理时，如果将新增样本与已有样本合并后处理，一方面会增加学习的难度，另一方面也因样本集过大而消耗过多的时间和存储空间。一个有效的解决方法是将新增样本集分别训练，并随着样本集的积累逐步提高学习精度，这就是增量学习的概念。增量学习可以就新增加的知识以及演化成新的类或一个聚类而言，它甚至可以合并或重组这些类。

增量学习已经成功地应用到了许多分类问题，特别是在商业领域中增量学习的过程将有助于做出重大决策。增量学习就数据集而言是有选择性的，同时使用自适应和动态的有能力根据目前看到的作出正确的决策。考虑决策的影响，精度同样应该被考虑。

### 5.3.1 增量学习的研究背景和意义

随着信息时代的到来，特别是网络迅猛发展而出现的“信息爆炸”问题，使得传统的信息挖掘，知识获取技术面临极大的挑战。图灵奖获得者 Jim Gray 提出了一个新的经验定律：网络环境下每 18 个月产生的数据量等于有史以来数据量之和。美国加利福尼亚大学伯克利分校研究人员的一项新研究发现：在 1999 ~ 2002 年这 3 年间，世界范围内信息生产量以平均每年 30% 左右的速度递增，也就是说，在过去 3 年中，全球新生产出的信息量就翻了一番。2002 年中，全球由纸张、胶片以及磁、光存储介质所记录的信息生产总量达到 5 万亿兆字节，如果以馆藏 1900 万册书籍和其他印刷出版物的美国国会图书馆为标准，5 万亿兆字节信息量足以填满 50 万座美国国会图书馆。

同时随着网络的发展，许多应用领域获取新的数据变得很容易。但是对于传统的批量学习技术来说，如何从日益增加的新数据中得到有用信息是一个难题。随着数据规模的不断增加，对时间和空间的需求也会迅速增加，最终会导致学习的速度赶不上数据更新的速度。机器学习是一个解决此问题的有效方法。然而传统的机器学习是批量学习方式，需要在进行学习之前，准备好所有的数据。为了能满足在线学习的需求，需要抛弃以前的学习结果，重新训练和学习，这对时间和空间的需求都很高。因此，迫切需要研究增量学习方法，可以渐进地进行知识更新，且能修正和加强以前的知识，使得更新后的知识能适应新增加的数据。

一方面，我们拥有的数据极大且丰富，其间蕴含的信息和知识具有很大的潜在价值；另一方面，信息的更新速度也达到了令人吃惊的地步。因此，具有增量学习功能的数据分类技术，正逐渐成为当前信息处理的关键技术之一。与传统的数据分类技术相比，增量学习分类技术具有显著的优越性，这主要表现在两个方面：一方面由于其无需保存历史数据，从而减少存储空间的占用；另一方面，由于其在新的训练中充分利用了历史的训练结果，从而显著地减少了后续训练的时间。

增量学习技术（incremental learning technique）是一种得到广泛应用的智能化数据挖掘与知识发现技术。其思想是当样本逐步积累时，学习精度也要随之提高。与传统学习技术相比，增量学习技术可以充分利用历史学习的结果，显著节省后续训练时间。一种机器学习方法是否具有良好的增量学习功能已经成为评价其性能优劣的重要标准之一。

一般来说，增量学习主要有两方面的应用：一是用于数据库非常大的情形，例如 Web 日志记录；二是用于流数据，因为这些数据随着时间在不断地变化，例如股票交易数据。另外，在增量学习中，现有的增量学习算法大多采用决策树和神经网络算法实现，它们在不同程度上具有以下两方面的缺点：一方面由于缺乏对整个样本集期望风险的控制，算法易于对训练数据产生过量匹配；另一方面，由于缺乏对训练数据有选择的遗忘淘汰机制，在很大程度上影响了分类精度。

目前无论是在国际还是国内，增量学习技术的研究还处于刚起步阶段，还没有形成比较统一的体系和比较成熟的理论。尤其是对新增的样本中含有新增的特征以及新增特征的维数不同的情况下所做的工作较少。然而，随着特征采集的手段的不断多样化，如用于分类的特征是通过多个传感器共同获得，增量学习作为一种获取知识的有效手段，必定在知识经济的发展中扮演着重要的角色，需要对增量学习的方法和增量学习的应用进行更深更广的研究。

基于数据的机器学习是现代智能技术中的重要方面，研究从观测数据（样本）出发寻找规律，利用这些规律对未来数据或无法观测的数据进行预测。迄今为止，关于机器学习还没有一种被共同接受的理论框架，关于其实现方法大致可以分为三种：

第一种是经典的（参数）统计估计方法。包括模式识别、神经网络等在内，现有的机器学习方法共同的重要理论基础之一是统计学。参数方法正是基于传统统计学的，在这种方法中，它需要已知样本分布形式，这需要花费很大的代价。还有，传统统计学研究的是样本数目趋于无穷大时的渐近理论，现在学习方法也多是基于此假设。但在实际问题中，样本数往往是有限的，因此一些理论上很优秀的学习方法实际中表现却可能不太让人满意。

第二种方法是经验非线性方法，如人工神经网络（ANN）。这种方法利用已知样本建立非线性模型，克服了传统参数估计方法的困难。但是，这种方法缺乏一种统一的数学理论。

与传统统计学相比，统计学习理论（Statistical Learning Theory 或 SLT）是一种专门研究小样本情况下机器学习规律的理论。该理论针对小样本统计问题建立了一套新的理论体系，在这种体系下的统计推理规则不仅考虑了对渐近性能的要求，而且追求在现有有限信息的条件下得到最优结果。有学者从 20 世纪六、七十年代开始致力于此方面的研究，到 90 年代中期，随着其理论的不断发展和成熟，也由于神经网络等学习方法在理论上缺乏实质性进展，统计学习理论开始受到越来越广泛的关注。

统计学习理论是建立在一套较坚实的理论基础之上，为解决有限样本学习问题提供了一个统一的框架。它能将很多现有的方法纳入其中，有望帮助解决许多原来难以解决的问题（比如神经网络结构选择问题、局部极小点问题等）。然而在数据挖掘领域，分类学习在理论与实践应用中都获得了不少成就。分类学习各方向都有不少成熟的数据预处理方法或算法被相继提出，如数据挖掘预处理阶段中，样本选择的方法有：Bootstrap、上采样（Over－sampling）、下采样（Under－sampling）等；属性选择方法有：Filter、Wrapper 方法以及基于信息增益或互信息（Mutual Information）的方法；学习算法方面有：贝叶斯算法、神经网络、决策树、$K$近邻、支持向量机（Support Vector Machine SVM）等。

制作良好的强分类器的一般方法是训练一个没有被完全重新训练就不能嵌入新的数据的静态分类器。对所有数据训练强静态分类器的方法是既费时又昂贵的。在这种情况下，并不是以前训练的所有数据都是可用的，因为它已经有缺失或变得腐化。这使得它需要有一个分类器，可以逐步进化采取新颖的数据和类，它们同样可用并且不遗忘以前的训练数据。对于一个好的增量学习算法的分类器需要具有稳定性但是还要具有良好的可塑性。一个完全稳定的分类器能够保存知识但是不能学习新的信息，而一个完全可塑的分类器可以学习提交给它的新的信息，但不能保留之前的知识。支持向量机与传统的机器学习方法相比已经证明是稳定并且具有更好的模式识别性能的分类器，但稳定的支持向量机分类器遭受缺乏可塑性和倾向于灾难性遗忘现象。因此，要充分受益于支持向量机分类器的性能，增量学习方法需要被应用到标准支持向量机，将保持其稳定性但是还要使它具有可塑性。

增量学习中最简单的方法之一是增量学习存储的所有数据允许重新训练。在另一个极端是数据的训练、一个实例接一个实例，一个流行的在线学习。采用在线学习算法的方法已经实现增量学习但没有考虑所有的学习问题，特别是学习的新类。对于一个分类器是增量应该满足以下标准：

（1）它应该能够从新的数据学习更多的信息。

（2）用于训练现有的分类器它应该不需要访问原始数据。

（3）它应该保存先前获得的知识（也就是说，它不应该遭受灾难性的遗忘）。

（4）它应该能够适应新的类，可以引进新的数据。

随着分类学习理论及应用在深度及广度上的不断探索，新的问题与挑战亦层出不穷。其中有一个问题比较突出：对于实际的任务，在分类学习各环节中有如此多的方法和算法可供选择，那应该如何衡量问题的难度和数据特性，然后依据这些信息在分类学习的各环节中选择适合的方法或方案，从而可以避免不必要的过多试探。在此背景下，数据复杂度衡量指标应运而生。它通过衡量数据各方面的特性来衡量对于某一领域问题进行分类学习的难易程度，从而对数据预处理、分类器选择等环节提供有效的指导信息。Bell 实验室 TK Ho 等人针对分类学习问题提出了数据几何复杂度衡量方法。然而在数据挖掘过程中不可避免地会不断演化出新的数据，那么针对这种现象我们就需要增量学习。本文围绕分类学习中分类复杂度的衡量问题，在总结前人在这一领域的相关问题所得成果的基础上，作进一步的深化研究，提出了基于数据复杂度指标的增量学习算法。

随着人工智能和机器学习的发展，人们开发了很多机器学习算法。这些算法大部分都是批量学习（Batch Learning）模式，即假设在训练之前所有训练样本一次都可以得到，学习这些样本之后，学习过程就终止了，不再学习新的知识。然而在实际应用中，训练样本通常不可能一次全部得到，而是随着时间逐步得到的，并且样本反映的信息也可能随着时间产生了变化。如果新样本到达后要重新学习全部数据，需要消耗大量时间和空间，因此批量学习的算法不能满足这种需求。只有增量学习算法可以渐进地进行知识更新，且能修正和加强以前的知识，使得更新后的知识能适应新到达的数据，而不必重新对全部数据进行学习。增量学习降低了对时间和空间的需求，更能满足实际要求。虽然增量学习的研究已经有一定的历史，但由于不同的学者对其理解不同，至今增量学习也没有统一的定义。许多学者甚至将增量学习等同于在线学习（Online Learning）。最常用的增量学习算法的定义，即一个增量学习算法应同时具有以下特点：

（1）可以从新数据中学习新知识；

（2）以前已经处理过的数据不需要重复处理；

（3）每次只有一个训练观测样本被看到和学习；

（4）学习新知识的同时能保存以前学习到的大部分知识；

（5）一旦学习完成后训练观测样本被丢弃；

（6）学习系统没有关于整个训练样本的先验知识。

开展增量学习的研究具有以下两方面非常重要的意义：

（1）随着数据库以及互联网技术的快速发展和广泛应用，社会各部门积累了海量数据，而且这些数据量每天都在快速增加。如何从这些数据中获取有用信息以及对数据进行分析和处理是一项艰苦的工作。传统的批量学习方式是不能适应这种需求的，只有通过增量学习的方式才能有效解决这种需求。

（2）通过对增量学习模型的研究，能够使我们从系统层面上更好地理解和模仿人脑的学习方式和生物神经网络的构成机制，为开发新计算模型和有效学习算法提供技术基础。

### 5.3.2　基于马氏距离的模糊 c－均值增量学习算法概述

基于马氏距离的模糊 c－均值算法是将马氏距离代替经典的 FCM 算法中的欧氏距离，其中马氏距离中的奇异问题用矩阵理论来解决。马氏距离是模式识别中一个有效的相似性测度，由于马氏距离的计算涉及的不是 $n \times n$（维数）矩阵，而是 $m \times m$（样本数矩阵），且求伪逆采用矩阵的对角化实现，其训练速度得到提高，增加了数据的聚类精度。其算法的具体介绍参见 5.2 节。

基于马氏距离的模糊 c－均值增量学习算法是将 FCM－M 算法应用于增量学习中，并给出了一种无需再次聚类的增量学习算法，实验证明该算法能准确地将增量样本正确聚类，且对孤立点不敏感。

基于马氏距离的模糊 c－均值增量学习算法描述如下：

步骤一：通过随机抽样产生一个样本构成初始数据集，利用 FCM－M 对其聚类；

步骤二：对剩余数据进行分配，实施聚类。具体为：首先，定义两个 $C_i$、$C_j$ 类之间的平均距离为：

$$\mathrm{Dist}(C_i, C_j) = \| u_i - u_j \|$$

式中，$C_i$、$C_j$ 分别为由步骤一得到的第 $i$ 类和第 $j$ 类；$u_i$、$u_j$ 分别为第 $i$ 类和第 $j$ 类的样本均值。

其次，定义一个样本 $X_k$ 到一个类的平均 Mahalanobis 距离为：

$$d_{ik} = \frac{1}{n_i} \sum_{X_j \in C_i} \left[ (X_k - X_i)^T \Sigma_i^{-1} (X_k - X_i) \right]$$

式中，$n_i$ 表示第 $i$ 类所含的样本数。

取阈值为：

$$\mathrm{MaxDist} = \max_{1 \leqslant i,j \leqslant c, i \neq j} \mathrm{Dist}(C_i, C_j)$$

对剩余数据集中的每个数据 $X_k$ 聚类的方法如下：

（1）计算数据 $X_k$ 到每个类的平均距离 $d_{ik}$，并求出其最小值 Min。

（2）如果 Min < MaxDist，则把 $X_k$ 加入到第 $i$ 类；如果 Min > MaxDist，则把 $X_k$ 单独作为一类；重复前面的步骤，直到没有剩余的数据为止。

### 5.3.3 算法应用举例

采用 UCI 提供的数据集 balance－scale 来对算法进行验证，balance－scale 数据集共有 675 个样本，样本维数为 4（不包括分类属性），样本分为 3 类。随机抽取其中 60% 的数据，即 375 个数据作为初始数据集，用 FCM－M 进行聚类，精确度为 49.34%（FCM 的精确度为 34.93%），用剩余的 250 个数据作为增量数据，进行 10 次实验，每次增加 10 个数据，都能正确地将数据聚类，且时间复杂度大大降低。另外，人为地增加一个孤立点（60，50，50，60），算法能将其独立为一类（实验平台为 Matlab 6.5，CPU 为 P4 2.66G，内存 256M）。

UCI 数据集的实验可以看出，基于马氏距离的模糊 c－均值算法应用于增量学习具有如下特点：

（1）马氏距离可以自适应地调整数据的几何分布，在数据相关的数据集中可以提高聚类精度，减小聚类中心的误差，并能完成非球形或椭圆形分布的数据集的聚类。

（2）马氏距离计算仅和样本数目有关，用协方差矩阵的非零特征值及相应的特征向量来解决奇异问题，在高维特征空间中带来计算的优势。

（3）在增量学习中，采用样本均值求类间的平均距离，减少了运算的时间复杂度。

（4）增量算法无需重新从头聚类，并且结果不受孤立点的干扰。

## 5.4 马氏距离在模糊聚类中应用存在的问题

经典的模糊 c－均值（FCM）算法是基于欧氏距离的，它只适用于球形结构的聚类，并且认为样本矢量各特征对聚类结果贡献均匀，没有考虑不同的属性特征对模式分类的不同影响，在处理属性高相关的数据集时，分错率增加。

针对第一个问题，本文提出了一种基于马氏距离的模糊 c－均值算法（FCM－M），FCM－M 算法是将马氏距离替代传统 FCM 算法中的欧氏距离，由于马氏距离具有自适应地调整数据的几何分布，从而使相似数据点的距离较小，很好地解决了欧氏距离在计算数据集属性相关，并且数据分布近似于高斯分布时，误分率会增加的缺点，并在目标函数中引进协方差调节因子。FCM－M 算法可以适用于非球形或椭圆形结构的聚类，并对属性高相关数据集的聚类精度明显优于 FCM。我们通过 UCI 数据库中常用的 4 个数据集进行实验，实验结果表明了该方法的可行性和有效性。此外，我们又对 3 幅灰度图进行了分割，结果也表明该方法较之经典 FCM 算法分割效果更好。

除了直接修改 FCM 算法，我们又将马氏距离用于数据预处理过程中，用以解决 FCM 算法中未考虑样本点各特征对聚类结果贡献不均的缺点。我们将马氏距离用以对数据样本各特征进行加权，马氏距离的特征加权我们给出了两种方法：其一是进行标准化马氏距离加权；其二是根据属性重要程度马氏距离加权（MF－FCM）。实验中我们采用第二种方法进行特征加权。数据进行马氏距离特征加权预处理后，再进行 FCM 聚类。我们仍然使用上面方法中的 UCI 的 4 个数据集进行实验，并将实验结果与其他方法进行比较，结果表明该方法是可行的。

但上述两种算法（FCM－M 和 MF－FCM）都是基于马氏距离的，因此在处理属性相关度较小的数据集时算法并不占优势。此外，MF－FCM 算法聚类精度的改善是以学习时间为代价的。两种算法的最佳适用范围还有待继续研究。

## 5.5 本章小结

模糊 c-均值算法认为数据中样本矢量的各特征贡献均匀，未考虑特征的重要程度对聚类的影响。在实验过程中，也发现 FCM 算法在处理属性高相关的数据集时，错误率增加。针对上述的缺点和不足，我们从两个方面对经典的 FCM 算法进行了改进，具体工作如下：

（1）提出一种基于马氏距离的模糊 c-均值算法（FCM-M），它将马氏距离替代 FCM 中的欧氏距离，利用马氏距离可以自适应地调整数据的几何分布，从而使相似数据点的距离较小的优点，很好地解决了欧氏距离在计算数据集属性相关，并且数据分布近似于高斯分布时，误分率会增加的缺点。由于马氏距离的计算涉及协方差矩阵的求逆，会出现奇异问题，我们给出了两种解决奇异问题的方法。为使马氏距离发挥更好的效果，我们在目标函数中引进一个协方差调节因子。我们用 UCI 数据库中 4 个数据集进行聚类实验，结果表明我们提出的 FCM-M 算法在处理属性高相关的数据集时精确度明显增加，而且 FCM-M 算法也可以处理非球形结构的簇，有效解决了 FCM 中存在的问题。此外，我们又用 FCM-M 算法进行了 3 幅灰度图的分割，实验也显示分割效果明显优于传统的。

（2）提出了一种基于马氏距离的特征加权的方法，用以进行 FCM 数据聚类前的数据预处理。由于 FCM 算法没考虑数据各特征的贡献程度对聚类的影响，所以我们在 FCM-M 的研究基础上提出了两种新的马氏距离加权方法：一种是标准化的马氏距离加权；另一种是属性重要度的马氏距离加权。我们仍然用 FCM-M 算法实验中的 4 个数据集进行实验，首先将数据集用第二种方法进行马氏距离加权，然后 FCM 聚类处理。实验表明该方法在属性相关度较大的数据集中，我们的方法精确度得到了较大改善。

笔者对经典的模糊聚类算法进行优化得到基于马氏距离的模糊聚类算法，将其用于增量学习中。增量学习是网络信息化的产物，由于数据量增加迅速，要求我们具有对数据能进行增量学习能力。从实验数据观察，这种方法可以适用于一定范围的增量学习中。

模糊聚类的发展及应用前景广阔，也是未来一个活跃的研究领域。我们只是在模糊 c－均值算法上做了些改进，取得了一些成果，但还不是最优的方案，而且我们提出的算法的最优适用范围还有待研究，结合目前完成的工作，我们下一步的工作目标为：

（1）将本文提出的算法继续应用于人脸识别、文本聚类等不同领域。

（2）马氏距离特征加权的方法可以再继续优化，并结合一些有效性判别函数，使其加权公式更加合理、有效。

（3）尝试将本文提出的马氏距离加权方法与支持向量机结合。

# 6 基于优化 KPCA 特征提取的 FCM 算法

模糊 c－均值算法（Fuzzy c－means，FCM）是由 Bezdek 于 1981 年提出的基于模糊集合理论的聚类算法，该算法是目前应用最为广泛的聚类算法之一。传统的模糊 c－均值算法是基于欧氏距离的，在高维数据集中，传统的欧几里得密度定义（单位体积中点的个数）变得没有意义，这使得模糊 c－均值算法在处理高维数据集时效果很差。处理该问题的一种方法是使用维归约技术，其中主成分分析（Principle Component Analysis，PCA）就是一种最常用的维归约线性代数技术。由于线性主元分析方法对非线性特征不能有效提取，在 PCA 中引入核函数，称为核函数主元分析（Kernel Principle Component Analysis，KPCA），可以有效地提取输入数据的非线性信息。

## 6.1 核主元分析（KPCA）的原理

### 6.1.1 主元分析（PCA）简介

主元分析法（PCA）是目前基于多元统计过程控制的故障诊断技术的核心，是基于原始数据空间，通过构造一组新的潜隐变量来降低原始数据空间的维数，再从新的映射空间抽取主要变化信息，提取统计特征，从而构成对原始数据空间特性的理解。

主元分析法的基本思路是：寻找一组新变量来代替原变量，新变量是原变量的线性组合。从优化的角度看，新变量的个数要比原变量少，并且最大限度地携带原变量的有用信息，且新变量之间互不相关。其内容包括主元的定义和获取，以及通过主元的数据重构。

假设一个要研究的系统仅包含两个变量 $x_1$，$x_2$。将两个变量的样本点表示在一个平面图上，可以看出所有的样本点集中在一个扁型的椭圆区域内。因为样本点之间的差异显然是由于 $x_1$，$x_2$ 的变化而引起的，我们可以看出在沿着椭圆横轴的方向上（$y_1$）的变动较大，而纵轴方向上（$y_2$）的变动较小。这说明了样本点的主要变动都体现在横轴方向上，比如 85% 以上，那么这时就可以将 $y_2$ 忽略而只考虑 $y_1$，这样两个变量就可以简化为一个变量了。我们称 $y_1$，$y_2$ 分别为 $x_1$，$x_2$ 的第一主元和第二主元。一般情况下，如果样本有 $p$ 个变量，若样本之间的差异能由 $p$ 个变量的 $K$ 个（$K<p$）主元成分来概括，那么就能用 $K$ 个主元来代替 $p$ 个变量。

主元分析中数据总体的协方差阵往往是未知的，这需要利用过程的正常运行数据进行估计。假设采集得到过程数据样本为 $X\in R_{n\times p}$，其中 $n$ 是样本的数量，$p$ 为过程变量的个数。为了避免变量的不同量纲的影响，需首先对数据进行标准化处理，即将各个变量转化为均值为 0，方差为 1 的数据。

目前在主元个数的选择上，有两种比较普遍的方法：一种是主元回归检验法；另一种是主元贡献率累积和百分比法（CPV）。从统计的角度讲，要检测数据中是否包含过程的故障信息，可以通过建立统计量进行假设检验，判断过程数据是否背离了主元模型。通常的方法是主元子空间建立 Hotelling $T2$ 统计量进行统计检验；在残差子空间中建立 $Q$ 统计量进行统计检测。

### 6.1.2　核主元分析（KPCA）原理

核主元分析（KPCA）是将核函数应用于主元分析中的一种输入输出特征非线性变换技术，在特征空间进行主元分析，以获得一种对故障识别能力最优的特征变换。该方法已经被广泛地应用于模式识别、数据分类与聚类、化工建模等领域的数据预处理中。

核函数指所谓径向基函数（Radial Basis Function，简称 RBF），就是某种沿径向对称的标量函数。通常定义为空间中任一点 $x$ 到某一中心 $x_c$ 之间欧氏距离的单调函数，可记作 $k(\|x-x_c\|)$，其作用往往是局部的，即当 $x$ 远离 $x_c$ 时函数取值很小。

满足 Mercer 定理的函数都可以作为核函数。常用的核函数有：线性核函数，多项式核函数，径向基核函数，Sigmoid 核函数和复合核函数。

（1）多项式核函数：$K(x_i,x)=(x\cdot x_i+1)^d\quad(d=1,2,\cdots,N)$；

（2）高斯径向基核函数：$K(x_i,x)=\exp\left(\frac{-\|x-x_i\|^2}{2\delta^2}\right)$；

（3）感知核函数：$K(x_i,x)=\tan(\beta x_i+b)$。

核函数方法具有以下优点：

（1）核函数的引入避免了“维数灾难”，大大减小了计算量，而且输入空间的维数 $n$ 对核函数矩阵无影响。因此，核函数方法可以有效处理高维输入。

（2）无需知道非线性变换函数 $\Phi$ 的形式和参数。

（3）核函数的形式和参数的变化会隐式地改变从输入空间到特征空间的映射，进而对特征空间的性质产生影响，最终改变各种核函数方法的性能。

（4）核函数方法可以和不同的算法相结合，形成多种不同的基于核函数技术的方法，且这两部分的设计可以单独进行，并可以为不同的应用选择不同的核函数和算法。

KPCA 方法并不是直接计算样本协方差矩阵的特征向量，而是将其转化为求核矩阵的特征值和特征向量问题，从而避免了在整个特征空间上求特征向量。与其他非线性特征提取方法相比，它不需要解非线性优化问题。

KPCA 先对任一样本 $x$ 进行非线性变换 $\Phi(x)$，$\Phi(x)$ 将 $x$ 映射到高维空间中。对于新的样本空间，此时的协方差矩阵为：

$$C=\frac{1}{M}\sum_{i=1}^{M}\Phi(x_i)\Phi(x_i)^T \tag{6-1}$$

主成分分析的任务即求出特征值 $\lambda$ 和特征向量 $\boldsymbol{v}$。由 $\lambda\boldsymbol{v}=C\boldsymbol{v}$ 可得，当 $\lambda\neq0$ 时，$\boldsymbol{v}$ 在 $\Phi(x_i)(i=1,2,\cdots,M)$ 张成的空间中，即存在 $\alpha_i(i=1,2,\cdots,M)$，满足：

$$\boldsymbol{v}=\sum_{i=1}^{M}\alpha_i\Phi(x_i) \tag{6-2}$$

在 $\lambda\boldsymbol{v}=C\boldsymbol{v}$ 两边同时与 $\Phi(x_k)$ 做内积得

$$\lambda\langle\Phi(x_k),\boldsymbol{v}\rangle=\langle\Phi(x_k),C\boldsymbol{v}\rangle\quad(k=1,2,\cdots,M) \tag{6-3}$$

将式（6-1）和式（6-2）代入式（6-3）后转化为如下问题：

$$M\lambda\alpha = K\alpha, K = (k(x_i, x_j))_{ij} \tag{6-4}$$

式中，$K$ 是核矩阵，$\alpha = (\alpha_1, \alpha_2, \cdots, \alpha_M)'$。可得 $M\lambda$ 和 $\alpha$ 是对应于 $K$ 的特征值和特征向量。假设对应于大于 0 的特征值的特征向量分别为 $\alpha^p$，$\alpha^{p+1}$，…，$\alpha^M$，为了满足 $\langle \boldsymbol{v}^r, \boldsymbol{v}^r \rangle = 1$，取 $\alpha^r$ 使得 $M\lambda \langle \alpha^r, \alpha^r \rangle = 1$，则样本 $\Phi(x)$ 在 $\boldsymbol{v}^r$ 上的投影为：

$$g_r(x) = \langle \boldsymbol{v}^r, \Phi(x) \rangle = \sum_{i=1}^{M} \alpha_i^r k(x_i, x) \tag{6-5}$$

式中，$r = p, p+1, \cdots, M$。$g_r(x)$ 为对应于 $\Phi(x)$ 的非线性主元分量，将所有投影值形成的向量 $(g_1(x), g_2(x), \cdots, g_l(x))'$ 作为样本 $x$ 的新特征。

由此可见，KPCA 的分析计算过程可分为 3 步：（1）计算出矩阵 $K$；（2）计算它的特征向量并在 $\Phi(x)$ 空间进行标准化；（3）对数据集在 $\Phi(x)$ 空间上进行投影。可知核函数主元分析方法只需要在原空间计算核函数，而不必去求 $\Phi(x)$ 甚至不需要知道它的具体表达形式，这大大降低了计算的复杂度。值得注意的是原始数据和计算得到的矩阵 $K$ 都应该做标准化处理，文献［11］对此做了详细的论述。

## 6.2 文化算法的原理

文化算法是 Robert G. Reynolds 于 1994 年提出的一种双层进化机制，文化作为一种将人以往的经验保存于其中的知识库，以供后人在知识库中学到没有直接经历的经验知识。文化算法正是基于此目的来模拟人类社会的演进过程而提出的。通过一个独立于种群空间的信仰空间，来获取和保存并加以整合解决问题的知识，使种群的进化速度超越单纯依靠生物基因遗传的进化速度，具有良好的全局优化性能。

文化算法由种群空间和信仰空间构成双层进化机制，总体上包括三大元素：种群空间、信仰空间和通信协议。种群空间从微观的角度模拟生物个体根据一定的行为准则进化的过程，信仰空间从宏观的角度模拟文化的形成、传递和比较等进化过程。种群空间和信仰空间是两个相对独立的进化过程，但是又相互影响相互促进，两个空间根据通信协议相互联系，对进化信息进行有效提取和管理，并将其用于指导种群空间的进化。文化算法基本框架结构如图6-1所示。

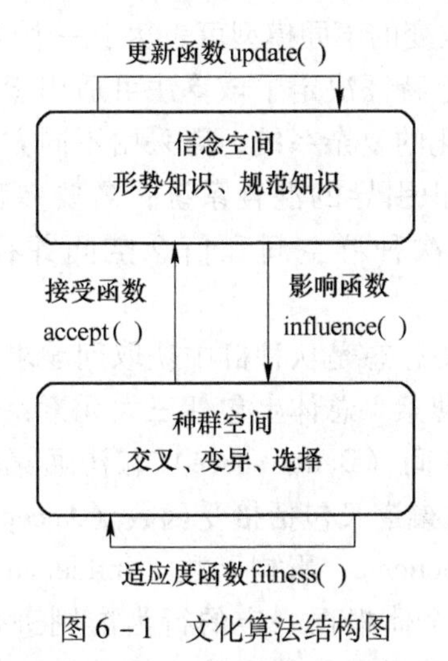


图6-1 文化算法结构图

这个过程使得种群像人类社会推演一样，不仅有生物特征的进化，而且有文化信念作为指导，超越单纯的生物进化，具有目的性和方向性。算法结束后，末代种群中的最优个体经过解码，可以作为问题近似最优解。

文化算法的重要特征是引进了信仰空间，将群体空间中的个体在进化过程中形成的个体经验，通过接受函数传递到信仰空间，信仰空间将收到的个体经验看作一个单独的个体，根据一定的行为规则进行比较优化，形成知识储备。它根据现有的经验和新个体经验的情况更新知识，修改群体空间中个体的进化行为规则，以使个体空间得到更高的进化效率。

文化算法具有以下特点：

（1）双重进化继承：在种群空间和信念空间分别继承父代的信息；

（2）种群空间的进化是由信念空间中保存的知识进行引导；

（3）支持种群空间和信念空间的层次结构；

（4）支持两个空间的自适应进化；

（5）不同空间的进化可以按不同的速度进行；

（6）支持不同算法的混合问题求解；

（7）“文化”改变的不同模型可表达于一个模型之内。

文化算法的以上特征决定了该算法可适用于：种群空间和信念空间按不同速率进化的复杂系统；需采用不同方式的知识表示的问题；结合搜索和知识引导的混合系统；需要多种群及其交互的问题求解；支持多层次种群空间和信念空间并存的多层次结构问题等。

文化算法的主要思想是从种群中获取问题求解的经验知识并将其用于指导以后的搜索。总体上包括三大元素：种群空间（Population space）、信念空间（Belief space）和沟通渠道（Communication channel），其中沟通渠道又包括接受函数（Acceptance function）、更新函数（Update function）、影响函数（Influence function）。种群空间从微观角度模拟个体根据一定的行为准则进化的过程，而信念空间则从宏观角度模拟文化的形成、传递和比较等进化过程，两个空间根据一定的通信协议相互联系。文化算法的基本伪代码如下：

```
Begin
t = 0;
Initialize Population POP (t);
Initialize Belief Space BLF (t);
Repeat
Evaluate Population POP (t);
Update (BLF (t), Accept (POP (t)));
Variation (POP (t), Influence (BLF (t)));
t = t + 1;
Select (POP (t) from POP (t - 1));
Until termination condition achieved
End
```

文化算法框架提供了一种多进化过程的计算模型，因此从计算模型的角度来看，任何一种符合文化算法要求的进化算法都可以嵌入文化算法框架中作为种群空间的一个进化过程。

## 6.3 KPCA 算法的优化

KPCA 由于存在选择各种核函数及对应参数问题，如何根据具体问题选择最优核函数及参数，以达到最佳的分类聚类效果，是一个没有解决的问题。文化算法（Cultural Algorithms，CA）是一种新的进化算法，是将个人的以往经验保存于其中的知识库，新的个人可以在知识库中学到他没有直接经历的经验知识。文化算法对许多典型问题具有良好的优化性能，目前文化算法已应用于数据挖掘、资源调度、函数优化、欺骗探测、遗传规则、动态环境建模等领域，而国内刚刚开始关注文化算法的研究。KPCA 与 CA 两者结合有效地提高了核函数的优选，将文化算法与核主元分析的有机结合，基本实现了对于不同的具体问题，选择适合该问题的最优核函数，达到最优分类聚类效果。

CA - KPCA 算法步骤：

（1）$t=0$；

（2）初始化种群规模核初始值、信念空间和相关参数、允许迭代次数或适应值限等；

（3）初始化设置核函数的类型、目标函数等；

（4）用 KPCA 提取特征，并将特征样本进行分类，计算分类正确率即目标函数值；

（5）更新信念空间；

（6）根据父辈个体的适应值和信息空间的知识通过影响函数产生子代；

（7）$t=t+1$；

（8）通过锦标赛选择法从群体空间选出优秀个体；

（9）转到步骤（4），直至满足终止条件，即适应值误差达到设定的适应值误差限或迭代次数超过最大允许迭代次数，搜索停止，输出全局历史最优位置为所求核函数的最佳参数。

## 6.4 基于优化 KPCA 特征提取的 FCM 算法

### 6.4.1 算法概述

（1）模糊 c－均值聚类方法（FCM）。设 $X=\{x_1, x_2, \cdots, x_n\}$ 为 $n$ 元数据集合，$x_i \in R^s$。FCM 聚类方法就是把 $X$ 划分为 $c$ 个子集 $S_1, S_2, \cdots, S_c$，若用 $a_1, a_2, \cdots, a_c$ 表示这 $c$ 个子集的聚类中心，$u_{ij}$表示元素 $x_j$ 对 $S_i$ 的隶属度，则 FCM 算法的优化目标函数为：

$$J_{\mathrm{FCM}}^m(U,A,X)=\sum_{i=1}^{c}\sum_{j=1}^{n}u_{ij}^m d_{ij}^2=\sum_{i=1}^{c}\sum_{j=1}^{n}u_{ij}^m \|x_j-a_i\| \quad (6-6)$$

其中，$u_{ij}$满足约束条件：

$$\sum_{i=1}^{c}u_{ij}=1 \quad (1\leqslant j\leqslant n, u_{ij}\geqslant 0, 1\leqslant i\leqslant c) \quad (6-7)$$

这里 $U=\{u_{ij}\}$ 为 $c\times n$ 矩阵，$A=\{a_1, a_2, \cdots, a_c\}$ 为 $s\times c$ 矩阵，$d_{ij}$为 $x_j$ 与 $a_i$ 的距离，经典的 FCM 算法里使用欧氏距离。$m$ 为大于 1 的模糊指数，控制分类矩阵 $U$ 的模糊程度，$m$ 越大，分类的模糊程度越高，在实际应用中 $m$ 最佳范围为（1.5，2.5），推荐使用 $m=2$。FCM 算法是使目标函数最小化的迭代收敛过程。在迭代求解 $J_{\mathrm{FCM}}$的最小值时，$u_{ij}$是按 Lagrange 乘数法得到的：

$$a_i=\frac{\sum_{j=1}^{n}(u_{ij})^m x_j}{\sum_{j=1}^{n}(u_{ij})^m} \quad (6-8)$$

$$u_{ij}=\frac{1}{\sum_{k=1}^{c}\left(\frac{d_{ij}}{d_{kj}}\right)^{\frac{2}{m-1}}} \quad (6-9)$$

可以看出，FCM 算法就是反复修改聚类中心矩阵和隶属度矩阵的分类过程。

（2）CA－KPCA 算法。基于 CA－KPCA 的 FCM 算法通过两个阶段来实现。第一个阶段，将原始数据集通过 CA－KPCA 算法进行数据预处理，选出最优的核函数及参数，以及相应的主元。第二个阶段，将处理好的数据集利用 FCM 进行聚类，所要聚类的数目可由函

数 $\mathrm{Sub}(U;c) = \mathop{\mathrm{Max}}\limits_{l=1}^{c} \mathop{\mathrm{Max}}\limits_{h=1,h\neq 1}^{c} C(A_l, A_h)$ 的最小 $c$ 值来确定，其中：

$$C(A_l,A_h) = \frac{\sum_{i=1}^{n}(u_{il}^m d_{il}^2 \wedge u_{ih}^m d_{ih}^2)}{\sum_{i=1}^{n}(u_{il}^m d_{il}^2)} \tag{6-10}$$

模糊聚类的结果是对数据集进行模糊划分：$A = \{A_1, A_2, \cdots, A_c\}$（这里 $A_l$ 表示样本属于 $l$ 类的隶属函数），一个好的分类就应该使 $A_l$ 与 $A_h$ 尽可能的分离，因此可以通过列举来比较式（6-10）的值，从而完成最佳的分类数目 $c$ 的确定。

### 6.4.2 算法应用举例

本文采用 UCI 提供的标准数据集 Breast cancer 和 wine 进行仿真实验。Breast cancer 数据集共有样本 683 个，每个样本含有 10 个属性，分成 2 类；wine 数据集共有样本 178 个，每个样本含有属性 13 个，分成 3 类。实验环境为 P4 2.66GHz，内存 256M，Matlab 7.0。

（1）CA-KPCA 数据预处理。将 Breast cancer 和 wine 数据集用于建立核主元模型，并将其投影后分类，以分类错误率作为评价标准。本文选择高斯径向核为核函数，文化算法相关参数设置为种群规模 50、接受函数中 $\%p = 0.2$、$h = 1$ 或 2，信念细胞分为 $A$、$B$、$C$ 三类，结果见表 6-1。

**表 6-1 CA-KPCA 的结果**

| 数据集 | 主 元 | 运算时间/min | $\sigma$ |
|---|---|---|---|
| Breast cancer | 5 | 6.653 | 19.21 |
| wine | 6 | 7.012 | 19.08 |

（2）FCM 聚类。将 CA-KPCA 预处理后的 Breast cancer 和 wine 数据集用 FCM 聚类，与传统的 FCM 算法进行比较，结果显示在表 6-2中。

表 6-2 不同算法的比较

| 数据集 | 算法 | 精确度/% | 训练时间/s |
|---|---|---|---|
| Breast cancer | FCM | 95.75 | 0.892102 |
| | CA-KPCA-FCM | 95.90 | 0.405422 |
| wine | FCM | 48.31 | 0.825818 |
| | CA-KPCA-FCM | 68.54 | 0.788112 |

通过实例应用可以看出 KPCA 方法能有效地对数据进行特征提取，但核方法本身受到核参数选择的影响。本文通过文化算法对 KPCA 进行核函数优化选择，能提高特征提取的能力降低分类错误率，再结合 FCM 算法，使最终的 FCM 算法不论在速度上还是在精确度上都有了改善。

## 6.5 本章小结

本章简要介绍了 KPCA 方法的原理和文化算法的概念。主元分析法（PCA）是目前基于多元统计过程控制的故障诊断技术的核心，是基于原始数据空间，通过构造一组新的潜隐变量来降低原始数据空间的维数，再从新的映射空间抽取主要变化信息，提取统计特征，从而构成对原始数据空间特性的理解。新的映射空间的变量由原始数据变量的线性组合构成，从而大大降低了投影空间的维数。由于投影空间统计特征向量彼此正交，则消除了变量间的关联性，简化了原始过程特性分析的复杂程度。基于核函数的主元分析法就称为核主元分析法（KPCA）。

文化算法是 Robert G. Reynolds 于 1994 年提出的一种双层进化机制，文化作为一种将人以往的经验保存于其中的知识库，以供后人在知识库中学到没有直接经历的经验知识。文化算法正是基于此目的来模拟人类社会的演进过程而提出的。通过一个独立于种群空间的信仰空间，来获取和保存并加以整合解决问题的知识，使种群的进化速度超越单纯依靠生物基因遗传的进化速度，具有良好的全局优化性能。

KPCA 方法能有效的对数据进行特征提取，但核方法本身受到核参数选择的影响。本章通过文化算法对 KPCA 进行核函数优化选择，能提高特征提取的能力降低分类错误率，再结合 FCM 算法，使最终的 FCM 算法不论在速度上还是在精确度上都有所改善。

# 7 模糊聚类算法在软件测试中的应用

软件开发的最基本要求是按时、高质量地发布软件产品，而软件测试是软件质量保证的最重要的手段之一。它主要的功能是精选适量的测试用例，来揭示软件中的缺陷。高质量的测试用例能减少软件测试的工作量，有效降低软件测试的成本，从而加速开发进度。软件测试方法主要包括结构化测试和功能测试，目前很多软件测试工具可以提供基于不同功能标准的结构特性、目标路径和软件缺陷的数据集，并产生不同的测试结果，通常这些功能标准很难自动生成，都是人为提供的。将聚类算法应用于软件测试中是目前较新的研究方向，本章介绍了一些有关软件测试的基础知识和笔者将模糊聚类算法应用于软件测试中的实例。

## 7.1 软件测试方法

软件测试方法是指测试软件性能的方法，可以从宏观和微观两个方面看。从宏观上看软件测试方法，也相当于从软件测试的方法论来定义软件测试。从方法论看，软件测试更多体现了一种哲学的思想，在测试中有许多对立统一体，如静态测试和动态测试、白盒测试和黑盒测试等。软件测试的方法论来源于软件工程的方法论，例如有敏捷方法，就有和敏捷方法对应的测试方法。从微观上看软件测试方法，就是软件测试过程中所使用的、具体的测试方法，例如等价类划分、边界值分析等。

### 7.1.1 测试分类

（1）β 测试（Beta testing），又称 Beta 测试和用户验收测试（UAT）。β 测试是软件的多个用户在一个或多个用户的实际使用环境下进行的测试。开发者通常不在测试现场，Beta 测试不能由程序员或测试员完成，而是一般由最终用户或其他人员完成。

（2）α测试（Alpha testing），又称 Alpha 测试。Alpha 测试是由一个用户在开发环境下进行的测试，也可以是公司内部的用户在模拟实际操作环境下进行的受控测试，Alpha 测试不能由该系统的程序员或测试员完成。Alpha 测试是在系统开发接近完成时对应用系统的测试，测试后一般程序员会有少量的设计变更。这种测试一般由最终用户或其他人员来完成，不能由程序员或测试员完成。

（3）可移植性测试（Portability testing），又称兼容性测试。可移植性测试是指测试软件是否可以被成功移植到指定硬件或软件平台上的测试。

（4）用户界面测试（User interface testing），又称 UI 测试。用户界面是指软件中的可见外观及其底层与用户交互的部分（菜单、对话框、窗口和其他控件）。用户界面测试是指测试用户界面的风格是否满足客户要求，文字是否正确，页面是否美观，文字、图片组合是否完美，操作是否友好等等。该测试的目标是确保用户界面会通过测试对象的功能来为用户提供相应的访问或浏览功能；确保用户界面符合公司或行业的标准。它包括用户友好性、人性化、易操作性测试；用户分析用户界面的设计是否合乎用户期望或要求。它常常包括菜单，对话框及对话框上所有按钮，文字，出错提示，帮助信息（Menu 和 Help content）等方面的测试。比如，测试 Microsoft Word 中插入符号功能所用的对话框的大小，所有按钮是否对齐，字符串字体大小，出错信息内容和字体大小，工具栏位置/图标等等。

（5）冒烟测试（Smoke testing）。冒烟测试可以形象化理解为该种测试耗时短，仅用一袋烟功夫就完成了。也有人认为是形象地类比新电路板基本功能的常规检查。任何新电路板焊好后，先通电检查，如果存在设计缺陷，电路板可能会短路，板子就会冒烟了。

冒烟测试的对象是新编译的每一个需要正式测试的软件版本，目的是确认软件基本功能是否正常，然后是否可以进行后续的正式测试工作。冒烟测试的执行者是版本编译人员。

（6）随机测试（Ad hoc testing）。随机测试是无需书面测试用例、记录期望结果、检查列表、脚本或指令的测试。随机测试主要是根据测试者的经验对软件进行功能和性能的抽查，是一种根据测试说明书执行用例测试的重要补充手段，是保证测试覆盖完整性的有效方式和过程。随机测试主要是对被测软件的一些重要功能进行复测，也包括测试那些当前的测试样例（Test Case）没有覆盖到的部分。另外，对于软件更新和新增加的功能通常要重点测试，重点针对一些特殊点、情况点、特殊的使用环境、并发性等进行检查，尤其对以前测试发现的重大Bug，进行再次测试，通常测试员会结合回归测试（Regressive testing）一起进行。

### 7.1.2 本地化测试

本地化测试（Localization testing），其中本地化的思想就是将软件版本语言进行更改，比如将英文的Matlab改成中文的Matlab就是本地化，本地化测试的对象就是将软件版本语言更改后的本地化版本。本地化测试的目的是测试特定目标区域设置的软件本地化质量，环境是在本地化的操作系统上安装本地化的软件。本地化测试从测试方法上可以分为基本功能测试，安装/卸载测试，当地区域的软硬件兼容性测试。测试的内容主要包括软件本地化后的界面布局和软件翻译的语言质量，包含软件、文档和联机帮助等部分。其中，本地化测试又分为满足基础化测试、国际化测试和安装化测试三种。

（1）基础化测试。基础化测试也称为本地化能力测试（Localizability testing），是指不需要重新设计或修改代码，直接将程序的用户界面翻译成任何目标语言的一种能力。为了降低本地化能力测试的成本，提高测试效率，本地化能力测试通常在软件的伪本地化版本上进行。

本地化能力测试中发现的典型错误包括：字符的硬编码（即软件中需要本地化的字符写在了代码内部），对需要本地化的字符长度设置了固定值，在软件运行时以控件位置定位，图标和位图中包含了需要本地化的文本，软件的用户界面与文档术语不一致等。

（2）国际化测试（International testing）。国际化测试又称国际化支持测试。国际化测试的目的是测试软件的国际化支持能力，寻找软件国际化后会出现的潜在问题，从而保证软件在世界不同区域都能正常运行。国际化测试使用每种可能的国际输入类型，针对任何区域性或区域设置检查产品的功能是否正常。软件国际化测试的重点在于执行国际字符串的输入/输出功能。国际化测试数据必须包含东亚语言、德语、复杂脚本字符和英语（可选）的混合字符。

国际化支持测试是指验证软件程序在不同国家或区域的平台上也能够如预期的那样运行，而且还可以按照原设计尊重和支持使用当地常用的日期、字体、文字表示、特殊格式等等。比如，用英文版的 Windows XP 和 Microsoft Excel 能否展示中国汉字；用韩国版的 Windows XP 和 Microsoft Word 能否展示韩国字符串；又比如，日文版的 Microsoft Excel 对话框是否显示正确翻译的日语。一般要求执行国际化支持测试的测试人员往往需要大致了解这些国家或地区的语言要求和期望、行为习惯和宗教信仰等。

（3）安装测试（Installing testing）。安装测试是确保软件在正常情况和异常情况下进行的测试，例如，进行首次安装、升级、完整的或自定义的安装都能进行安装。异常情况包括磁盘空间不足、缺少目录创建权限等场景。核实软件在安装后可立即正常运行。安装测试包括测试安装代码以及安装手册。安装手册通常为用户提供如何进行安装，安装代码提供安装一些程序能够运行的基础数据等。

### 7.1.3 白盒测试

白盒测试（White Box Testing）又称结构测试或者逻辑驱动测试。白盒测试就是已知产品的内部工作过程，清楚最终生成软件产品的计算机程序结构及其语句，按照程序内部的结果测试程序，测试程序内部的变量状态、逻辑结构、运行路径等，检验程序中的每条通路是否都能按预定要求正确工作，检查程序内部动作或运行是否符合设计规格要求，所有内部成分是否按规定正常进行，如图 7－1 所示。

白盒测试法是基于覆盖的测试，尽可能覆盖程序的结构特征和逻辑路径，其覆盖标准有逻辑覆盖、循环覆盖和基本路径测试。其中，逻辑覆盖包括语句覆盖、判定覆盖、条件覆盖、判定－条件覆盖、条件组合覆盖和路径覆盖等。白盒测试主要用于单元测试，其常用方法是穷举路径测试，但这种方式几乎不可能，因为穷举一定规模的系统程序的独立路径数可能是一个天文数字。

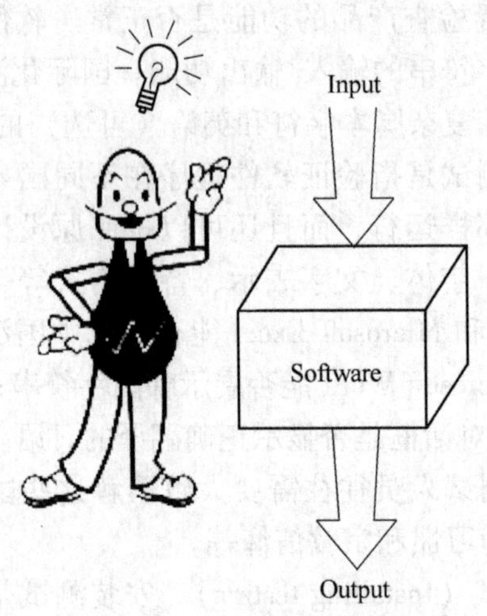


图 7-1 白盒测试方法示意图

白盒测试常用工具有：Jtest、VcSmith、Jcontract、C + + Test、CodeWizard、Logiscope。

(1) 语句覆盖。语句覆盖又称行覆盖或段覆盖，基本块覆盖，是最常用的一种覆盖方式，它的基本思想是设计若干测试用例，运行被测程序，使程序中的每个可执行语句至少被执行一次。这里说的是“可执行语句”，因此就不会包括像 C + + 的头文件声明，代码注释，空行等非执行语句。语句覆盖简单地说就是只统计能够执行的代码被执行了多少行。需要注意的是，单独一行的花括号{ }也常常被统计进去。以图 7-2 所示的程序为例说明语句覆盖方法。

```
dim a,b as integer
dim c as double
if(a>0 and b>0) then
  c=c/a
end if
if(a>1 or c>1)then
  c=c+1
end if
c=c+b
```

图 7-2 示例程序源代码

该程序流程图如图 7－3 所示，其中可以把条件定义为：

条件 M = {a >0 and b >0}

条件 N = {a >0 or c >0}

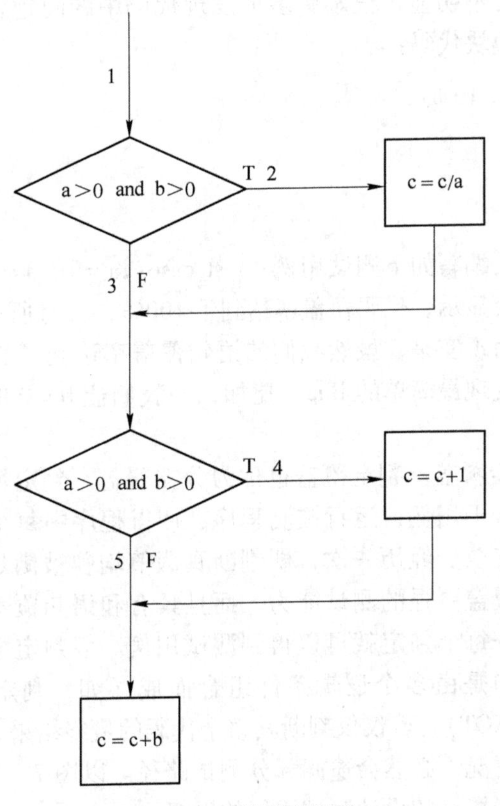


图 7－3　程序流程图

由流程图可以知道，该程序代码可以有 4 条不同的执行路径：

P1：（1－2－4）即 M =. T. AND N =. T.

P2：（1－2－5）即 M =. T. AND N =. F.

P3：（1－3－4）即 M =. F. AND N =. T.

P4：（1－3－5）即 M =. F. AND N =. F.

其中 P1 包含了所有可执行语句，按照语句覆盖的测试用例设计思想，可以使用 P1 来设计测试用例。

语句覆盖常常在设计测试用例时出现逻辑错误，因此有些学者称之为“最弱的覆盖”，因为它只管覆盖代码中的执行语句，却不考虑各种分支的组合等语句。假如只要求达到语句覆盖，那么换来的测试效果有时不明显，很难更多地发现代码中的问题。例如下面一个最简单的模块代码：

```
int f (int a, int b)
{
  return a/b;
}
```

测试人员编写如下测试用例：test case：a =10 b =5。测试人员的测试结果会显示，代码覆盖率达到了100%，并且所有测试用例都通过了。然而现实是，虽然我们的语句覆盖率达到了所谓的100%，但是却没有发现最简单的Bug，比如，当我们让b =0时，会出现一个除零异常。

（2）判定覆盖。判定覆盖也称为分支覆盖。判定覆盖法的基本思想是设计若干用例，运行被测程序，使得程序中每个判断的取真分支和假分支至少经历一次，即判断真假值均曾被满足。判定覆盖具有比语句覆盖更强的测试能力，而且具有和语句覆盖一样的简单性，无需细分每个判定就可以得到测试用例。但判定覆盖往往大部分的判定语句是由多个逻辑条件组合而成（如，判定语句中包含AND、OR、NOT)，若仅仅判断其整个代码的最终结果，而忽略每个条件的取值情况，必然会遗漏部分测试路径。以图7－2所示的程序为例说明判断覆盖的设计测试用例的思想。

按照判定覆盖的设计思路，可以将P1和P4作为测试用例，见表7－1。

**表7－1　判断覆盖的测试用例**

| 测 试 用 例 | 具体取值条件 | 判定条件 | 通过路径 |
| --- | --- | --- | --- |
| 输入：{a =2，b =1，c =6}<br>输出：{a =2，b =1，c =5} | a >0，b >0<br>a <1，c >1 | M =. T.<br>N =. T. | P1(1－2－4) |

续表 7－1

| 测 试 用 例 | 具体取值条件 | 判定条件 | 通过路径 |
| --- | --- | --- | --- |
| 输入：{a = －2，b =1，c = －6}<br>输出：{a = －2，b =1，c = －5} | a < =0，b >0<br>a < = －1，c < =1 | M =. F.<br>N =. F. | P4(1 －3 －5) |

判定覆盖设计测试用例时会忽略条件中取获“OR”的情况。例如，在上面的示例中，如果条件 N 中是 c <1 而不是 c >1，同样能得到相同的测试结果。

（3）条件覆盖。条件覆盖的基本思想是选择足够多的测试用例，使得运行这些测试用例后，要使每个判断中每个条件的可能值至少满足一次。根据条件覆盖的设计测试用例的思想，程序 7－2 的条件 M 和条件 N 分别有 4 个取值，共 8 个条件取值，要分别获得这 8 个条件取值，从而组合成测试用例，见表 7－2。

**表 7－2　条件覆盖的测试用例**

| 测 试 用 例 | 具体取值条件 | 判定条件 | 通过路径 |
| --- | --- | --- | --- |
| 输入：{a =2，b = －1，c = －2}<br>输出：{a =2，b = －1，c = －2} | a >0，b < =0<br>a >1，c < =1 | T1，F2，T3，F4 | P3(1 －3 －4) |
| 输入：{a = －1，b =2，c =3}<br>输出：{a = －1，b =2，c = －6} | a < =0，b >0<br>a < = －1，c >1 | F1，T2，F3，T4 | P3(1 －3 －4) |

条件覆盖要求保证每个条件的取真值、取假值都至少运行一次，这样的测试用例可能有很多种，这里我们只取了其中两个测试用例来说明情况，条件取值不同，但覆盖了相同的路径。条件覆盖在实际测试时会出现遗漏程序逻辑错误的情况，如在上面的程序中，判定条件 M 和 N 的真假没有至少被执行一次，而是 M 总是取假值，N 总是取真值。这样的情况需要引入判定－条件覆盖方法，使测试结果更充分有力。

（4）判定－条件覆盖。判定－条件覆盖实际上是将判定覆盖和条件覆盖的思想结合起来产生的一种设计方法，它是这两种方法的交集，即设计足够的测试用例，使得判定条件中的所有条件可能取值至少执行一次的同时，所有判断的可能结果也至少执行一次。根据判定－条件的设计测试用例的思想，表7－3给出了测试用例。

**表7－3 判定－条件覆盖的测试用例**

| 测试用例 | 具体取值条件 | 判定条件 | 取值条件 | 通过路径 |
|---|---|---|---|---|
| 输入：{a=2, b=1, c=6}<br>输出：{a=2, b=-1, c=-2} | a>0, b>0<br>a<1, c>1 | M=.T.<br>N=.T. | T1, T2,<br>T3, T4 | P1(1-2-4) |
| 输入：{a=-1, b=-2, c=-3}<br>输出：{a=-1, b=-2, c=-5} | a<=0, b<=0<br>a<=1, c<=1 | M=.F.<br>N=.F. | F1, T2,<br>F3, T4 | P4(1-3-5) |

这样设计测试用例，依然会出现忽略代码错误的问题发生。如表7－3的第二个测试用例和表7－1中第二个测试用例的取值是不一样的，但通过的路径却是一样的，都是P4，而另外两条路径P2、P3的测试没有被覆盖。这说明即使是判定－条件覆盖测试也是不完美的。

（5）条件组合覆盖。条件组合覆盖的基本思想跟条件覆盖的思想有些相似，它也是设计足够的测试用例，使得判断中每个条件的所有可能值至少满足一次，但它要求每个判断本身的判定结果也要至少满足一次。可以看出，它与条件覆盖的差别是它不是简单地要求每个条件都出现“真”、“假”两种情况，而且要求让这些结果的所有可能组合都至少出现一次。按照这种思想，对于前面提到的程序代码，设计组合的条件见表7－4。

**表7－4 示例的8种组合条件**

| 组合编号 | 覆盖条件取值 | 判定－条件取值 | 判定－条件组合 |
|---|---|---|---|
| 1 | T1, T2 | M=.T. | a>0, b>0, M取真 |
| 2 | T1, F2 | M=.F. | a>0, b<=0, M取假 |
| 3 | F1, T2 | M=.F. | a<=0, b>0, M取假 |
| 4 | F1, F2 | M=.F. | a<=0, b<=0, M取假 |
| 5 | T3, T4 | N=.T. | a>1, c>1, N取真 |
| 6 | T3, F4 | N=.T. | a>1, c<=1, N取真 |
| 7 | F3, T4 | N=.T. | a<=1, c>1, N取真 |
| 8 | F3, F4 | N=.F. | a<=1, c<=1, N取假 |

针对上面的8种组合条件，来设计能覆盖所有这些组合的测试用例，见表7-5。从表中可以看出，条件组合覆盖是将覆盖条件组合成满足条件的判定条件，并且也要求判定条件的所有取值至少被执行一次。

**表7-5　条件组合的测试用例**

| 测试用例 | 覆盖条件 | 覆盖路径 | 覆盖组合 |
| --- | --- | --- | --- |
| 输入：{a=2, b=1, c=6}<br>输出：{a=2, b=1, c=5} | T1, T2, T3, T4 | P1(1-2-4) | 1, 5 |
| 输入：{a=2, b=-1, c=-2}<br>输出：{a=2, b=-1, c=-2} | T1, F2, T3, F4 | P3(1-3-4) | 2, 6 |
| 输入：{a=-1, b=-2, c=-3}<br>输出：{a=-1, b=-2, c=-5 | F1, F2, F3, F4 | P4(1-3-5) | 4, 8 |

显然易见，满足条件组合覆盖的测试用例是一定满足判定覆盖、条件覆盖和判定-条件覆盖的。但这样设计的测试用例仍然会出现忽视代码的错误，事实上，为了使程序得到足够的测试，不仅要求能覆盖各个条件和各个判定，而且还要求能覆盖基本路径，这就是下面要介绍的路径覆盖。

（6）路径覆盖。路径覆盖的设计思想是选取足够多的测试用例，使得程序的每条可能路径都至少执行一次（如果程序图中有环，则要求每个环至少经过一次），即覆盖程序中的所有可能的执行路径。以上面程序为例，表7-6给出了路径覆盖的测试用例。

**表7-6　路径覆盖的测试用例**

| 测试用例 | 覆盖路径 | 覆盖条件 | 覆盖组合 |
| --- | --- | --- | --- |
| 输入：{a=2, b=1, c=6}<br>输出：{a=2, b=1, c=5} | P1(1-2-4) | T1, T2, T3, T4 | 1, 5 |
| 输入：{a=2, b=-1, c=-3}<br>输出：{a=2, b=-1, c=-2} | P3(1-2-5) | T1, T2, F3, F4 | 1, 8 |
| 输入：{a=-1, b=2, c=3}<br>输出：{a=-1, b=2, c=6} | P3(1-3-4) | F1, T2, F3, T4 | 3, 7 |

续表 7 - 6

| 测 试 用 例 | 覆盖路径 | 覆盖条件 | 覆盖组合 |
|---|---|---|---|
| 输入：{a = -1，b = -2，c = -3}<br>输出：{a = -1，b = -2，c = -5} | P4(1 - 3 - 5) | F1，F2，F3，F4 | 4，8 |

路径覆盖要求设计足够多的测试用例，在白盒测试法中，覆盖程度最高的就是路径覆盖，因为其覆盖程序中所有可能的路径，但是路径覆盖没有涵盖所有的条件组合。

对于比较简单的小程序来说，实现路径覆盖是可能的，但是如果程序中出现了多个判断和多个循环，可能的路径数目将会急剧增长，以致实现路径覆盖是几乎不可能的。实际测试中，我们常常需要路径分析，计算程序中的路径数（复杂度）。以下的公式给出了路径数的计算式：

$$V(G) = e - n + 2$$

式中，$e$ 为边数；$n$ 为节点数。

通过前面的例子可以看出，采用其中任何一种覆盖方法都不能完全覆盖所有的测试用例。因此，在实际的测试用例设计中，可以根据实际需求和不同的测试代码的特点，将不同的覆盖方法结合使用，从而达到最好的测试效果和最高的覆盖率。

### 7.1.4　黑盒测试

黑盒测试法又称功能测试或数据驱动测试，它是在已知产品所应具有的功能基础上，通过测试来检测每个功能是否都能正常使用。在测试时，把程序看作一个不能打开的黑盒子，在完全不考虑程序内部结构和内部特性的情况下，测试者在程序接口进行测试，它只检查程序功能是否按照需求规格说明书的规定正常使用，程序是否能适当地接收输入数据而产生正确的输出信息，并且保持外部信息（如数据库或文件）的完整性。

黑盒测试法不关注软件的内部结构，而是着眼于程序外部结构、不考虑内部逻辑结构、针对软件界面和软件功能进行测试。“黑盒”法是穷举输入测试，只有把所有可能的输入都作为测试情况使用，才能以这种方法查出程序中所有的错误。实际上测试情况有无穷多个，人们不仅要测试所有合法的输入，而且还要对那些不合法但是可能的输入进行测试。

采用黑盒技术设计测试用例的方法有：等价类划分、边界值分析、错误推测、因果图和综合策略等，借助这些方法可以简化测试用例的数量，从而减少测试员的工作量，设计更有效的测试用例。

黑盒测试注重于测试软件的功能性需求，也即黑盒测试使软件工程师派生出执行程序所有功能需求的输入条件。黑盒测试并不是白盒测试的替代品，而是用于辅助白盒测试发现其他类型的错误。黑盒测试主要发现以下类型的错误：

（1）基于规格说明的功能错误。

（2）基于规格说明的构件或系统行为错误。

（3）基于规格说明的性能错误。

（4）面向用户的使用错误。

（5）黑盒接口错误。

使用黑盒测试方法时，穷举测试是行不通的，即不可能完成所有的输入条件及其组合条件的测试。黑盒测试法的覆盖率有时也是很难预测的，这是它的局限性，所以在实际的测试中，通常测试员会结合白盒测试方法来进行条件、逻辑和路径等方面的测试。

（1）等价类划分法。功能测试的主要功能是借助数据的输入输出来判断功能能否正常运行。在进行数据输入测试时，如果需要证明数据输入不会引起功能上的错误，或者其输出结果在各种输入条件下都是正确的，就需要将可能的输入数据域内的所有可能值都尝试一遍，即穷举法，但实际上，这种操作是不现实的。

为解决这种问题，人们设想是否可以用一组有限的数据去代表那些近似无限的数据，这就是“等价类划分”的最初思想。等价类划分法就是把所有可能的输入数据，即程序的输入域划分成若干部分（子集），然后从每一个子集中选取少数具有代表性的数据作为测试用例。等价类划分法是黑盒测试中一种重要的、常用的设计方法，它的优点是解决了如何选择适当的数据子集来代表整个数据集的问题，通过降低测试用例的数目去实现合理的覆盖，覆盖更多的可能数据，从而发现更多的软件缺陷。

等价类是指某个输入域的子集合。在该子集合中，各个输入数据对于揭露程序中的错误都是等效的，也就是说，如果用这个等价类中的代表值作为测试用例未发现程序错误，那么该类中其他的测试用例也不会发现程序中的错误。因此，可以把全部输入数据合理划分为若干等价类，在每一个等价类中取一个数据作为测试的输入条件，就可以用少量代表性的测试数据取得较好的测试结果。等价类划分可有两种不同的情况：有效等价类和无效等价类。

1）有效等价类是指对于程序的规格说明来说是合理的，有意义的输入数据构成的集合。利用有效等价类可检验程序是否实现了规格说明中所规定的功能和性能。

2）无效等价类和有效等价类的定义恰巧相反，即不满足程序输入要求或者无效的输入数据构成的集合。使用无效等价类可以测试程序的容错性，从而对异常输入情况进行处理。

设计测试用例时，要同时考虑这两种等价类。因为，软件不仅要能接收合理的数据，也要能经受意外的考验。这样的测试才能确保软件具有更高的可靠性。

等价类的划分对于测试员来说是比较困难的，需要足够的经验和测试知识，下面给出 6 条确定等价类的原则：

1）在输入条件规定了取值范围或值的个数的情况下，则可以确立一个有效等价类和两个无效等价类。

2）在输入条件规定了输入值的集合或者规定了“必须如何”的条件的情况下，可确立一个有效等价类和一个无效等价类。

3）在输入条件是一个布尔量的情况下，可确定一个有效等价类和一个无效等价类。

4）在规定了输入数据的一组值（假定 $n$ 个），并且程序要对每一个输入值分别处理的情况下，可确立 $n$ 个有效等价类和一个无效等价类。

5）在规定了输入数据必须遵守的规则的情况下，可确立一个有效等价类（符合规则）和若干个无效等价类（从不同角度违反规则）。

6）在确定已划分的等价类中各元素在程序处理中的方式不同的情况下，则应再将该等价类进一步的划分为更小的等价类。

按上面的设计原则确定等价类后，从划分出的等价类中按以下3个原则设计测试用例：

1）为每一个等价类规定一个唯一的编号。

2）设计一个新的测试用例，使其尽可能多地覆盖尚未被覆盖的有效等价类，重复这一步，直到所有的有效等价类都被覆盖为止。

3）设计一个新的测试用例，使其仅覆盖一个尚未被覆盖的无效等价类，重复这一步，直到所有的无效等价类都被覆盖为止。

在使用等价类划分法时，设计一个测试用例，使其尽可能多地覆盖尚未覆盖的有效等价类，重复这个过程，直至所有的有效等价类都被覆盖。对于无效等价类，进行同样的过程，设计若干个测试用例，覆盖无效等价类中的各个子类。

（2）边界值分析法。实际测试中，程序往往在输入输出的边界值的区域发生错误。所谓的边界包括输入等价类和输出等价类的大小边界，检查边界情况的测试用例是比较高效的，往往可以检查出很多错误。针对这种情况，出现了边界值分析方法，它是对等价类划分方法的补充。

使用边界值分析方法设计测试用例，首先应确定边界情况。通常输入和输出等价类的边界，就是应着重测试的边界情况。应当选取正好等于，刚刚大于或刚刚小于边界的值作为测试数据，而不是选取等价类中的典型值或任意值作为测试数据。

在边界值分析法中，最重要的工作是确定边界值域。一般情况下，先确定输入和输出的边界，然后根据边界条件进行等价类的划分，下面给出了基于边界值分析方法选择测试用例的原则：

1）如果输入条件规定了值的范围，则应取刚达到这个范围的边界的值，以及刚刚超越这个范围边界的值作为测试输入数据。

2）如果输入条件规定了值的个数，则用最大个数，最小个数，比最小个数少一，比最大个数多一的数作为测试数据。

3）根据规格说明的每个输出条件，使用前面的原则1）。

4）根据规格说明的每个输出条件，使用前面的原则2）。

5）如果程序的规格说明给出的输入域或输出域是有序集合，则应选取集合的第一个元素和最后一个元素作为测试用例。

6）如果程序中使用了一个内部数据结构，则应当选择这个内部数据结构的边界上的值作为测试用例。

7）分析规格说明，找出其他可能的边界条件。

（3）错误推测法。错误推测法也称为探索性测试法。错误推测法是测试员基于经验和直觉推测程序中所有可能存在的各种错误，从而有针对性地设计测试用例的方法。“只可意会，不可言传”，就是表明这样一个道理。

错误推测方法的基本思想是列举出程序中所有可能有的错误和容易发生错误的特殊情况，根据他们选择测试用例。例如，在单元测试时曾列出的许多在模块中常见的错误、以前产品测试中曾经发现的错误等，这些就是经验的总结。还有，输入数据和输出数据为零的情况；输入表格为空格或输入表格只有一行。这些都是容易发生错误的情况，可选择这些情况下的例子作为测试用例。

错误推测法的优点是能充分发挥测试员的直觉和经验，能在一个测试小组中听取每一个测试员的想法，集思广益，直观方便，特别是在软件测试基础比较薄弱的情况下，能很好地组织测试小组进行错误推测，是一种行之有效的方法。但错误推测法也有其不足之处，它不是一个系统的测试方法，只能用作辅助测试手段，即先使用其他的黑盒测试方法，再使用错误推测法作为补充手段，进行一些辅助的、额外的测试。

（4）因果图法。前面介绍的等价类划分方法和边界值分析方法，都是着重考虑输入条件，但未考虑输入条件之间的联系，相互组合等。如果考虑输入条件之间的相互组合，可能会产生一些新的情况，但要检查输入条件的组合不是一件容易的事情，即使把所有输入条件划分成等价类，他们之间的组合情况也相当多。因此，必须考虑采用一种适合于描述对于多种条件的组合，相应产生多个动作的形式来考虑设计测试用例，这就需要利用到因果图即逻辑模型。

因果图法是借助图形，着重分析输入条件的各种组合，其中每种组合条件就是“因”，它必然有一个输出的结果，这就是“果”。

因果图是一种形式化的图形语言，由自然语言写成的规范转换而成，这种形式语言实际上是一种使用简记符号表示数字逻辑图，不仅能发现输入、输出中的错误，还能指出程序中的不完全性和二义性。因果图方法最终生成的就是判定表，它适合于检查程序输入条件的各种组合情况。

利用因果图生成测试用例的基本步骤如下：

1）分析软件规格说明描述中，哪些是原因（即输入条件或输入条件的等价类），哪些是结果（即输出条件），并给每个原因和结果赋予一个标识符。

2）分析软件规格说明描述中的语义，找出原因与结果之间，原因与原因之间对应的关系。根据这些关系，画出因果图。

3）由于语法或环境限制，有些原因与原因之间，原因与结果之间的组合情况不可能出现。为表明这些特殊情况，在因果图上用一些记号表明约束或限制条件。

4）把因果图转换为判定表。

5）把判定表的每一列拿出来作为依据，设计测试用例。

其中，因果图中使用的常用符号如图 7－4 所示。

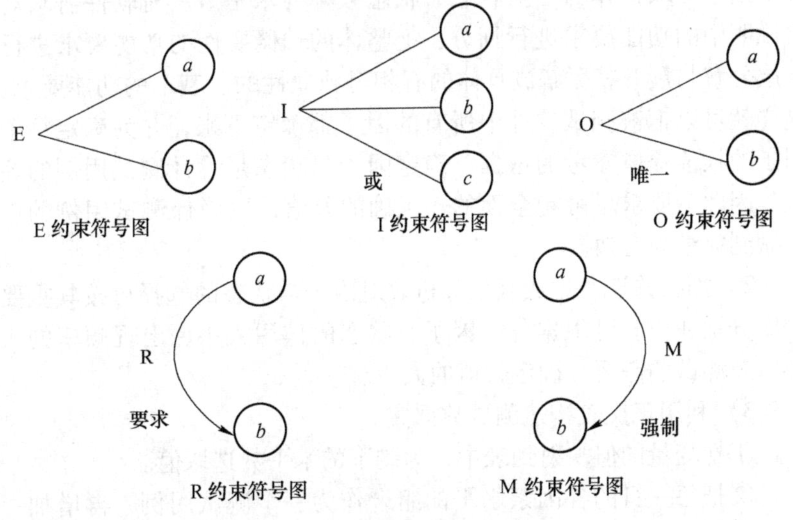


图 7－4　因果图法的常用符号

从因果图生成的测试用例（局部、组合关系下的）包括了所有输入数据的取真与取假的情况，构成的测试用例数目达到最少，且测试用例数目随输入数据数目的增加而线性的增加。

（5）正交试验法。在实际的软件测试中，许多的应用系统的输入条件很复杂，因素很多，而且每个因素也不能简单地用“是”或“否”来回答，例如 WPS 的文字处理程序的打印命令测试，就需要考虑3个因素，每个因素又有很多选项。具体因素为：

1）页码范围：包括当前页、全部页、页码范围。

2）副本：打印份数。

3）并打和缩放：每页的版数、按纸型缩放。

这样看来，测试组合会有很多，从而导致工作量巨大。为解决这样的问题，就需要正交试验设计方法。正交试验法是从大量的实验数据中挑选适量的、有代表性的点，合理安排测试的设计方法。具体步骤如下：

1）提取功能说明。利用正交实验设计方法来设计测试用例时，首先要根据被测试软件的规格说明书找出影响其功能实现的操作对象和外部因素，并把这些影响测试结果的条件因素当作因子，而把各个因子的取值作为当前状态，状态数称为水平数。对软件需求规格说明中的功能要求进行划分，把整体的、概要性的功能要求进行层层分解与展开，分解成具体的有相对独立性的、基本的功能要求。这样就可以把被测试软件中所有的因子都确定下来，并为确定每个因子的权值提供参考的依据。确定因子与状态是设计测试用例的关键。因此，要求尽可能全面的、正确的取值，以确保测试用例的设计做到完整与有效。

2）加权筛选。生成因素分析表对因子与状态的选择可按其重要程度分别加权。可根据各个因子及状态的作用大小、出现频率的大小以及测试的需要，确定权值的大小。

3）利用正交表构造测试数据集。

①把变量的值映射到表中，为剩下的水平数选取值。

②把每一行的各因素水平的组合作为一个测试用例，再增加一些没有生成的但可疑的测试用例。

③如果因子数不同，可以采用包含的方法即在正交表公式中找到包含该情况的公式，如果有 $N$ 个符合条件的公式，那么选取行数最少的公式。

④如果水平数不等，采用包含和组合的方法选取合适的正交表公式。

利用正交实验设计方法设计测试用例，比使用等价类划分、边界值分析、因果图等测试方法具有节省测试工作工时、可控制生成的测试用例数量、测试用例具有一定的覆盖率等优点。

（6）功能图法。程序的功能一般由静态说明和动态说明组成，其中动态说明描述了输入数据测次序或转移的次序；静态说明描述了输入条件和输出条件之间的对应关系。对于比较复杂的程序，由于有大量的组合情况出现，仅仅使用静态说明是不足以说明问题的，必须使用动态说明加以补充。功能图法就是这样的一种测试方法。

功能图法是使用功能图形象化表示程序的功能说明，并机械地生成功能图的测试用例。功能图是一个黑盒、白盒混合用例设计方法。功能图由状态迁移图和逻辑功能模型构成。

1）状态迁移图用于表示输入数据序列及其相应的输入数据。在状态迁移图中，有输入数据和当前状态决定输出数据和后续状态。

2）逻辑功能模型用于表示在状态中输入条件和输出条件之间的对应关系。逻辑功能模型只适合于描述静态说明，输出数据仅由输入数据决定。测试用例则由测试中经过的一系列状态和每个状态中必须依靠输入/输出数据满足的一对条件组成。

功能图方法中要用到逻辑覆盖和路径测试的概念和方法，要求设计人员对程序逻辑结构有清楚的了解。

1）生成局部测试用例：在每个状态中，从因果图生成局部测试用例。局部测试库有原因值（输入数据）组合与对应的结果值（输出数据或状态）构成。

2）测试路径生成：利用上面的规则生成从初始化状态到最后状态的测试路径。

3）测试用例合成：合成测试路径与功能图中每个状态的局部测试用例。结果是视状态到最后状态的一个状态序列，以及每个状态中输入数据与对应输出数据组合。

4）测试用例的合成算法：采用条件构造树。

（7）判定表驱动法。组合分析是一种基于每对参数组合的测试技术，主要考虑参数之间的影响，主要的错误来源和大多数的错误起源于简单的参数组合。组合分析的优点是低成本实现、低成本维护、易于自动化、易于用较少的测试用例发现更多的错误和用户可以自定义限制；缺点是经常需要专家领域知识、不能测试所有可能的组合和不能测试复杂的交互。

对于多因素，有时可以直接对输入条件进行组合设计，不需要因果分析，即直接使用判定表方法。一个判定表由条件和活动两部分组成，即列出了一次测试活动执行所需的条件组合，所有可能的条件组合定义了一系列的选择，而测试活动需要考虑每一个选择。制作判定表，需要用到以下概念：

1）条件桩：列出问题所有条件，通常认为列出的条件的次序不重要。

2）动作桩：列出问题规定可能采取的操作，这些操作的排列顺序没有约束。

3）条件项：列出针对它所列条件的取值，在所有可能情况下的真假值。

4）动作项：列出针对它所列条件的取值，在所有可能情况下的真假值。

5）规则：任何一个条件组合的特定取值及其相应要执行的操作。在判定表中贯穿条件项和动作项的一列就是一条规则。显然，判定表中列出多少组条件取值，也就有多少条规则，条件项和动作项就有多少列。

制作判定表一般步骤如下：

1）确定规则的个数。假如有 $N$ 个条件，每个条件有两个取值(0、1)，故有 $2N$ 种规则。

2）列出所有的条件桩和动作桩。

3）填入条件项。

4）填入动作项。制定初始判定表。

5）简化。合并相似规则或者相同动作。

适合使用规定判定表设计用例的条件：

1）规则说明以判定表的形式给出，或很容易转换成判定表。

2）条件的排列顺序不影响执行哪些操作。

3）规则的排列顺序不影响执行哪些操作。

4）当某一规则的条件已经满足，并确定要执行的操作后，不必检验别的规则。

5）如果某一规则要执行多个操作，这些操作的执行顺序无关紧要。

### 7.1.5 静态测试和动态测试

根据程序是否运行，测试可分为静态测试和动态测试。

静态测试（Static testing）指测试不运行的部分，例如测试产品说明书，对此进行检查和审阅。静态方法是指不运行被测程序本身，仅通过分析或检查源程序的文法、结构、过程、接口等来检查程序的正确性。静态方法通过程序静态特性的分析，找出欠缺和可疑之处，例如不匹配的参数、不适当的循环嵌套和分支嵌套、不允许的递归、未使用过的变量、空指针的引用和可疑的计算等。静态测试结果可用于进一步的查错，并为测试用例选取提供指导。静态分析的查错和分析的能力是其他测试所不能替代的，可以采用人工检测和计算机辅助静态分析手段进行检测，但越来越多地采用工具进行自动化分析。目前，常用的静态测试工具有：Logiscope、PRQA。

动态测试（Moment testing）是指通过运行软件来检验软件的动态行为和运行结果的正确性。根据动态测试在软件开发过程中所处的阶段和作用，动态测试可分为如下几个步骤：

（1）单元测试：是最微小规模的测试，以测试某个功能或代码块。典型地由程序员而非测试员来做，因为它需要知道内部程序设计和编码的细节知识。这个工作不容易做好，除非应用系统有一个设计很好的体系结构，还可能需要开发测试驱动器模块或测试套具。

（2）集成测试：是指一个应用系统的各个部件的联合测试，以决定他们能否在一起共同工作并没有冲突。部件可以是代码块、独立的应用、网络上的客户端或服务器端程序。这种类型的测试尤其与客户服务器和分布式系统有关。一般集成测试以前，单元测试需要完成。集成测试是单元测试的逻辑扩展，它的最简单的形式是：两个已经测试过的单元组合成一个组件，并且测试它们之间的接口。从这一层意义上讲，组件是指多个单元的集成聚合。在现实方案中，许多单元组合成组件，而这些组件又聚合成程序的更大部分。方法是测试片段的组合，并最终扩展进程，将您的模块与其他组的模块一起测试，最后，将构成进程的所有模块一起测试。此外，如果程序由多个进程组成，应该成对测试它们，而不是同时测试所有进程。

（3）系统测试：是基于系统整体需求说明书的黑盒类测试，应覆盖系统所有联合的部件。系统测试是针对整个产品系统进行的测试，目的是验证系统是否满足了需求规格的定义，找出与需求规格不相符合或与之矛盾的地方。系统测试的对象不仅仅包括需要测试的产品系统的软件，还要包含软件所依赖的硬件、外设甚至包括某些数据、某些支持软件及其接口等。因此，必须将系统中的软件与各种依赖的资源结合起来，在系统实际运行环境下来进行测试。

（4）验收测试：是基于客户或最终用户的规格书的最终测试，或基于用户一段时间的使用后，看软件是否满足客户要求。一般从功能、用户界面、性能、业务关联性进行测试。

（5）回归测试：是指修改了旧代码后，重新进行测试以确认修改没有引入新的错误或导致其他代码产生错误。自动回归测试将大幅降低系统测试、维护升级等阶段的成本。回归测试作为软件生命周期的一个组成部分，在整个软件测试过程中占有很大的工作量比重，软件开发的各个阶段都会进行多次回归测试。在渐进和快速迭代开发中，新版本的连续发布使回归测试进行的更加频繁，而在极端编程方法中，更是要求每天都进行若干次回归测试。因此，通过选择正确的回归测试策略来改进回归测试的效率和有效性是非常有意义的。

### 7.1.6 主动测试和被动测试

在软件测试中比较常见的方法是主动测试法，测试人员主动向被测程序发送请求或借助数据、事件驱动被测程序的行为，从而验证被测对象的反应或输出结果。在这种测试中，测试人员和被测对象之间发生直接相互作用的关系，被测对象完全受测试人员的控制，被测试对象处于测试状态，而不是实际工作状态。该测试方法中，直接受测试人员影响，所有主动测试不适应产品在线测试。

产品的在线测试一般采用被动测试，即测试人员不干涉产品的运行，而是被动地监控产品的运行，通过一定的被动机制来获得系统运行的数据，包括输入数据、输出数据等。

在主动测试方法中，测试人员需要设计测试用例，来设法输入各种数据，而在被动测试方法中，系统运行过程中各种数据自然产生，测试人员无需自己设计测试用例，只有设法获得数据就可以了。

## 7.2 软件缺陷与缺陷模式

软件缺陷常常又被叫做Bug。所谓软件缺陷，即为计算机软件或程序中存在的某种破坏正常运行能力的问题、错误，或者隐藏的功能缺陷。缺陷的存在会导致软件产品在某种程度上不能满足用户的需要。电气和电子工程协会对缺陷有一个标准的定义：从产品内部看，缺陷是软件产品开发或维护过程中存在的错误、毛病等各种问题；从产品外部看，缺陷是系统所需要实现的某种功能的失效或违背。

软件缺陷都是人为造成的，这和目前已有的其他系统都不相同。由于软件的规模和逻辑上的复杂性都远远超出人类的能力，因此人类无法证明程序的正确性，也无法检测出软件中的所有缺陷。

### 7.2.1 软件缺陷的类别

缺陷的表现形式不仅体现在功能的失效方面，还体现在其他方面。下面几种情况都可以归结为软件缺陷：

（1）软件没有实现产品规格说明所要求的功能模块。

（2）软件中出现了产品规格说明指明不应该出现的错误。

（3）软件实现了产品规格说明没有提到的功能模块。

（4）软件没有实现虽然产品规格说明没有明确提及但应该实现

的目标。

（5）软件难以理解，不容易使用，运行缓慢，或从测试员的角度看，最终用户会认为不好。

以计算器开发为例。计算器的产品规格说明书要求计算机应能准确无误地进行加、减、乘、除运算。如果按下加法键，没什么反应，就是第一种类型的缺陷；若计算结果出错，也是第一种类型的缺陷。

产品规格说明书还可能规定计算器不会死机，或者停止反应。如果随意敲键盘导致计算器停止接受输入，这就是第二种类型的缺陷。

如果使用计算器进行测试，发现除了加、减、乘、除之外还可以求平方根，但是产品规格说明没有提及这一功能模块，这是第三种类型的缺陷——软件实现了产品规格说明书中未提及的功能模块。

在测试计算器时若发现电池没电会导致计算不正确，而产品说明书是假定电池一直都有电的，从而发现第四种类型的错误。

软件测试员如果发现某些地方不对，比如测试员觉得按键太小、“=”键布置的位置不好按、在亮光下看不清显示屏等，无论什么原因，都要认定为缺陷，而这正是第五种类型的缺陷。

根据以上五种缺陷类型，在软件测试中可以区分不同类型的问题。软件缺陷是影响软件质量的重要因素和关键因素，发现和排除软件缺陷是软件生命周期中的重要工作之一。每一个软件组织都必须妥善处理软件中的缺陷，这关系到软件组织的生存和发展。

### 7.2.2 软件缺陷的分类标准

软件缺陷可以根据不同的侧重点而将缺陷分成不同的分类，下面给出常见的几种不同分类：

（1）根据缺陷属性的分类。

1）缺陷标识（Identifier）：缺陷标识是标记某个缺陷的一组符号。每个缺陷必须有一个唯一的标识。

2）缺陷类型（Type）：缺陷类型是根据缺陷的自然属性划分的

缺陷种类。

3）缺陷严重程度（Severity）：缺陷严重程度是指因缺陷引起的故障对软件产品的影响程度。

4）缺陷优先级（Priority）：缺陷的优先级指缺陷必须被修复的紧急程度。

5）缺陷状态（Status）：缺陷状态指缺陷通过一个跟踪修复过程的进展情况。

6）缺陷起源（Origin）：缺陷来源指缺陷引起的故障或事件第一次被检测到的阶段。

7）缺陷来源（Source）：缺陷来源指引起缺陷的起因。

8）缺陷根源（Root Cause）：缺陷根源指发生错误的根本因素。

（2）根据缺陷类型的分类。

1）F - Function：影响了重要的特性、用户界面、产品接口、硬件结构接口和全局数据结构，并且设计文档需要正式的变更。如逻辑、指针、循环、递归、功能等缺陷。

2）A - Assignment：需要修改少量代码，如初始化或控制块。如声明、重复命名，范围、限定等缺陷。

3）I - Interface：与其他组件、模块或设备驱动程序、调用参数、控制块或参数列表相互影响的缺陷。

4）C - Checking：提示的错误信息、不适当的数据验证等缺陷。

5）B - Build/package/merge：由于配置库、变更管理或版本控制引起的错误。

6）D - Documentation：影响发布和维护，包括注释。

7）G - Algorithm：算法错误。

8）U - User Interface：人机交互特性，屏幕格式，确认用户输入，功能有效性，页面排版等方面的缺陷。

9）P - Performance：不满足系统可测量的属性值，如：执行时间，事务处理速率等。

10）N - Norms：不符合各种标准的要求，如编码标准、设计符号等。

（3）根据软件测试错误严重程度的分类。

1）Critical：不能执行正常工作功能或重要功能，或者危及人身安全。

2）Major：严重地影响系统要求或基本功能的实现，且没有办法更正（重新安装或重新启动该软件不属于更正办法）。

3）Minor：严重地影响系统要求或基本功能的实现，但存在合理的更正办法（重新安装或重新启动该软件不属于更正办法）。

4）Cosmetic：使操作者不方便或遇到麻烦，但它不影响执行工作功能或重要功能。

5）Other：其他错误。

（4）根据同行评审错误严重程度的分类。

1）Major：主要的，较大的缺陷。

2）Minor：次要的，小的缺陷。

（5）根据缺陷优先级（Priority）的分类。

1）Resolve Immediately：缺陷必须被立即解决。

2）Normal Queue：缺陷需要正常排队等待修复或列入软件发布清单。

3）Not Urgent：缺陷可以在方便时被纠正。

（6）根据缺陷状态（Status）的分类。

1）Submitted：已提交的缺陷。

2）Open：确认“提交的缺陷”，等待处理。

3）Rejected：拒绝“提交的缺陷”，不需要修复或不是缺陷。

4）Resolved：缺陷被修复。

5）Closed：确认被修复的缺陷，将其关闭。

（7）根据缺陷起源（Origin）的分类。

1）Requirement：在需求阶段发现的缺陷。

2）Architecture：在构架阶段发现的缺陷。

3）Design：在设计阶段发现的缺陷。

4）Code：在编码阶段发现的缺陷。

5）Test：在测试阶段发现的缺陷。

（8）根据缺陷来源（Source）的分类。

1）Requirement：由于需求的问题引起的缺陷。

2）Architecture：由于构架的问题引起的缺陷。

3）Design：由于设计的问题引起的缺陷。

4）Code：由于编码的问题引起的缺陷。

5）Test：由于测试的问题引起的缺陷。

6）Integration：由于集成的问题引起的缺陷。

### 7.2.3 软件缺陷的构成

从软件测试观点出发，软件缺陷主要有以下五大类：

（1）功能缺陷。

1）规格说明书缺陷：规格说明书可能不完全，有二义性或自身矛盾。另外，在设计过程中可能修改功能，如果不能紧跟这种变化并及时修改规格说明书，则产生规格说明书错误。

2）功能缺陷：程序实现的功能与用户要求的不一致。这常常是由于规格说明书包含错误的功能、多余的功能或遗漏的功能所致。在发现和改正这些缺陷的过程中又可能引入新的缺陷。

3）测试缺陷：软件测试的设计与实施发生错误。特别是系统级的功能测试，要求复杂的测试环境和数据库支持，还需要对测试进行脚本编写。因此，软件测试自身也可能发生错误。另外，如果测试人员对系统缺乏了解，或对规格说明书做了错误的解释，也会发生许多错误。

4）测试标准引起的缺陷：对软件测试的标准要选择适当，若测试标准太复杂，则导致测试过程出错的可能就越大。

（2）系统缺陷。

1）外部接口缺陷：外部接口是指如终端、打印机、通信线路等系统与外部环境通信的手段。所有外部接口之间、人与机器之间的通信都使用形式的或非形式的专门协议。如果协议有错，或太复杂，难以理解，致使在使用中出错。此外，还包括对输入/输出格式错误理解，对输入数据不合理的容错等。

2）内部接口缺陷：内部接口是指程序内部子系统或模块之间的联系。它所发生的缺陷与外部接口相同，只是与程序内实现的细节有关，如设计协议错、输入/输出格式错、数据保护不可靠、子程序访问错等。

3）硬件结构缺陷：与硬件结构有关的软件缺陷在于不能正确地理解硬件如何工作。如忽视或错误地理解分页机构、地址生成、通道容量、I/O 指令、中断处理、设备初始化和启动等而导致的出错。

4）操作系统缺陷：与操作系统有关的软件缺陷在于不了解操作系统的工作机制而导致出错。当然，操作系统本身也有缺陷，但是一般用户很难发现这种缺陷。

5）软件结构缺陷：由于软件结构不合理而产生的缺陷。这种缺陷通常与系统的负载有关，而且往往在系统满载时才出现。如错误地设置局部参数或全局参数；错误地假定寄存器与存储器单元初始化；错误地假定被调用子程序常驻内存或非常驻内存等，都将导致软件出错。

6）控制与顺序缺陷：如忽视了时间因素而破坏了事件的顺序；等待一个不可能发生的条件；漏掉先决条件；规定错误的优先级或程序状态；漏掉处理步骤；存在不正确的处理步骤或多余的处理步骤等。

7）资源管理缺陷：由于不正确地使用资源而产生的缺陷。如使用未经获准的资源；使用后未释放资源；资源死锁；把资源链接到错误的队列中等。

（3）加工缺陷。

1）算法与操作缺陷：是指在算术运算、函数求值和一般操作过程中发生的缺陷。如数据类型转换错；除法溢出；不正确地使用关系运算符；不正确地使用整数与浮点数做比较等。

2）初始化缺陷：如忘记初始化工作区，忘记初始化寄存器和数据区；错误地对循环控制变量赋初值；用不正确的格式、数据或类型进行初始化等。

3）控制和次序缺陷：与系统级同名缺陷相比，它是局部缺陷。如遗漏路径；不可达到的代码；不符合语法的循环嵌套；循环返回和终止的条件不正确；漏掉处理步骤或处理步骤有错等。

4）静态逻辑缺陷：如不正确地使用 switch 语句；在表达式中使用不正确的否定（例如用“ > ”代替“ < ”的否定）；对情况不适

当地分解与组合；混淆“或”与“异或”等。

（4）数据缺陷。

1）动态数据缺陷：动态数据是在程序执行过程中暂时存在的数据，它的生存期非常短。各种不同类型的动态数据在执行期间将共享一个共同的存储区域，若程序启动时对这个区域未初始化，就会导致数据出错。

2）静态数据缺陷：静态数据在内容和格式上都是固定的。它们直接或间接的出现在程序或数据库中，有编译程序或其他程序专门对它们做预处理，但预处理也会出错。

3）数据内容、结构和属性缺陷：数据内容是指存储于存储单元或数据结构中的位串、字符串或数字。数据内容缺陷就是由于内容被破坏或被错误地解释而造成的缺陷。数据结构是指数据元素的大小和组织形式。在同一存储区域中可以定义不同的数据结构。数据结构缺陷包括结构说明错误及数据结构误用的错误。数据属性是指数据内容的含义或语义。数据属性缺陷包括对数据属性不正确地解释，如错把整数当实数，允许不同类型数据混合运算而导致的错误等。

（5）代码缺陷。代码缺陷包括数据说明错、数据使用错、计算错、比较错、控制流错、界面错、输入或输出错误，及其他的错误。

规格说明书是软件缺陷出现最多的地方，其原因是：

（1）用户一般是非软件开发专业人员，软件开发人员和用户的沟通存在较大困难，对要开发的产品功能理解不一致。

（2）由于在开发初期，软件产品还没有设计和编程，完全靠想象去描述系统的实现结果，所以有些需求特性不够完整、清晰。

（3）用户的需求总是不断变化，这些变化如果没有在产品规格说明书中得到正确的描述，容易引起前后文、上下文的矛盾。

（4）对规格说明书不够重视，在规格说明书的设计和写作上投入的人力、时间不足。

（5）没有在整个开发队伍中进行充分沟通，有时只有设计师或项目经理得到比较多的信息。

排在产品规格说明书之后的是设计缺陷，编程错误排在第三位。

许多人印象中，软件测试主要是找程序代码中的错误，这是一个认识的误区。在软件的开发过程的六个阶段，即需要分析、概要设计、详细设计、编码、测试和维护过程中，软件缺陷是可能存在于软件开发的每个阶段，因此软件具有不同的测试方法，每种测试方法检验缺陷的能力是不同的，表 7－7 给出了不同的软件测试方法的测试能力。

**表 7－7 不同的软件测试方法的测试能力**

| 软件测试阶段 | 测试能力/% |
|---|---|
| 非形式化的设计检查 | 25～40 |
| 形式化的设计检查 | 45～65 |
| 非形式化的代码检查 | 20～35 |
| 形式化的代码检查 | 45～70 |
| 单元测试 | 15～50 |
| 新功能测试 | 20～35 |
| 回归测试 | 15～30 |
| 集成测试 | 25～40 |
| 系统测试 | 25～55 |
| 低强度的 β 测试（<10 个客户） | 20～40 |
| 高强度的 β 测试（>1000 个客户） | 60～85 |

### 7.2.4 软件缺陷的严重性和优先级

严重性和优先级是表征软件缺陷的两个重要指标，它影响软件缺陷的统计结果和修正缺陷的优先顺序，特别是在软件测试的后期，它将影响软件是否能够按期发布。

对于软件测试初学者而言或者没有软件开发经验的测试工程师，对于这两个概念的理解、对于它们的作用和处理方式往往认识的不彻底，实际测试工作中不能正确表示缺陷的严重性和优先级。这将影响软件缺陷报告的质量，不利于尽早处理严重的软件缺陷，可能影响软件缺陷的处理时机。

#### 7.2.4.1 软件缺陷的严重性和优先级概述

严重性（Severity）顾名思义就是软件缺陷对软件质量的破坏程度，即此软件缺陷的存在将对软件的功能和性能产生怎样的影响。

在软件测试中，软件缺陷的严重性的判断应该从软件最终用户的观点做出判断，即判断缺陷的严重性要为用户考虑，考虑缺陷对用户使用造成的恶劣后果的严重性。

优先级是表示处理和修正软件缺陷的先后顺序的指标，即哪些缺陷需要优先修正，哪些缺陷可以稍后修正。

确定软件缺陷优先级，更多的是站在软件开发工程师的角度考虑问题，因为缺陷的修正顺序是个复杂的过程，有些不是纯粹技术问题，而且开发人员更熟悉软件代码，能够比测试工程师更清楚修正缺陷的难度和风险。

#### 7.2.4.2 软件缺陷的严重性和优先级的关系

缺陷的严重性和优先级是含义不同但相互密切联系的两个概念。它们都从不同的侧面描述了软件缺陷对软件质量和最终用户的影响程度和处理方式。

一般地，严重性程度高的软件缺陷具有较高的优先级。严重性高说明缺陷对软件造成的质量危害性大，需要优先处理，而严重性低的缺陷可能只是软件不太尽善尽美，可以稍后处理。但是，严重性和优先级并不总是一一对应的。有时候严重性高的软件缺陷，优先级不一定高，甚至不需要处理，而一些严重性低的缺陷却需要及时处理，具有较高的优先级。

修正软件缺陷不是一件纯技术问题，有时需要综合考虑市场发布和质量风险等问题。例如，如果某个严重的软件缺陷只在非常极端的条件下产生，则没有必要马上解决。另外，如果修正一个软件缺陷，需要重新修改软件的整体架构，可能会产生更多潜在的缺陷，而且软件由于市场的压力必须尽快发布，此时即使缺陷的严重性很高，是否需要修正，需要全盘考虑。另一方面，如果软件缺陷的严重性很低，例如，界面单词拼写错误，但是如果是软件名称或公司名称的拼写错误，则必须尽快修正，因为这关系到软件和公司的市场形象。

7.2.4.3 处理软件缺陷的严重性和优先级的常见错误

正确处理缺陷的严重性和优先级不是件非常容易的事情，对于经验不是很丰富的测试和开发人员而言，经常犯的错误有以下几种情形：

（1）将比较轻微的缺陷报告成较高级别的缺陷和高优先级，夸大缺陷的严重程度，经常给人“狼来了”的错觉，将影响软件质量的正确评估，也耗费开发人员辨别和处理缺陷的时间。

（2）将很严重的缺陷报告成轻微缺陷和低优先级，这样可能掩盖了很多严重的缺陷。如果在项目发布前，发现还有很多由于不正确分配优先级造成的严重缺陷，将需要投入很多人力和时间进行修正，影响软件的正常发布。或者这些严重的缺陷成了“漏网之鱼”，随软件一起发布出去，影响软件的质量和用户的使用信心。

因此，正确处理和区分缺陷的严重性和优先级，是软件测试人员和开发人员，以及全体项目组人员的一件大事。处理严重性和优先级，既是一种经验技术，也是保证软件质量的重要环节，应该引起足够的重视。

7.2.4.4 缺陷的严重性和优先级的表示

缺陷的严重性和优先级通常按照级别划分，各个公司和不同项目的具体表示方式有所不同。

为了尽量准确的表示缺陷信息，通常将缺陷的严重性和优先级分成4级。如果分级超过4级，则造成分类和判断尺度的复杂程度增加，而少于4级，精确性有时不能保证。

具体的表示方法可以使用数字表示，也可以使用文字表示，还可以使用数字和文字综合表示。使用数字表示通常按照从高到低或从低到高的顺序，需要软件测试前达成一致。例如，使用数字1、2、3、4分别表示轻微、一般、较严重和非常严重的严重性。对于优先级而言，1、2、3、4可以分别表示低优先级、一般、较高优先级和最高优先级。

7.2.4.5 缺陷的严重性和优先级的确定

通常由软件测试人员确定缺陷的严重性，由软件开发人员确定优先级较为适当。但是，实际测试中，通常都是由软件测试人员在缺陷报告中同时确定严重性和优先级。

确定缺陷的严重性和优先级要全面了解和深刻体会缺陷的特征，从用户和开发人员以及市场的因素综合考虑。通常功能性的缺陷较为严重，具有较高的优先级，而软件界面类缺陷的严重性一般较低，优先级也较低。

对于缺陷的严重性，如果分为4级，则可以参考下面的方法确定：1代表非常严重的缺陷，例如，软件的意外退出甚至操作系统崩溃，造成数据丢失；2代表较严重的缺陷，例如，软件的某个菜单不起作用或者产生错误的结果；3代表软件一般缺陷，例如，本地化软件的某些字符没有翻译或者翻译不准确；4代表软件界面的细微缺陷，例如，某个控件没有对齐，某个标点符号丢失等。

对于缺陷的优先性，如果分为4级，则可以参考下面的方法确定：1代表最高优先级，例如，软件的主要功能错误或者造成软件崩溃，数据丢失的缺陷；2代表较高优先级，例如，影响软件功能和性能的一般缺陷；3代表一般优先级，例如，本地化软件的某些字符没有翻译或者翻译不准确的缺陷；4代表低优先级，例如，对软件的质量影响非常轻微或出现几率很低的缺陷。

在实际修正软件缺陷中，对于比较规范的软件测试，使用软件缺陷管理数据库进行缺陷报告和处理，需要在测试项目开始前对全体测试人员和开发人员进行培训，对缺陷严重性和优先级的表示和划分方法统一规定并遵守。

在测试项目进行过程中和项目接收后，充分利用统计功能统计缺陷的严重性，确定软件模块的开发质量，评估软件项目实施进度。统计优先级的分布情况，控制开发进度，使开发按照项目尽快进行，有效处理缺陷，降低风险和成本。

为了保证报告缺陷的严重性和优先级的一致性，质量保证人员需要经常检查测试和开发人员对于这两个指标的分配和处理情况，发现问题，及时反馈给项目负责人，及时解决。

对于测试人员而言，通常经验丰富的人员可以正确的表示缺陷的严重性和优先级，为缺陷的及时处理提供准确的信息。对于开发人员来说，开发经验丰富的人员严重缺陷的错误较少，但是不要将缺陷的严重性作为衡量其开发水平高低的主要判断指标，因为软件的模块的开发难度不同，各个模块的质量要求也有所差异。

### 7.2.5 软件缺陷的管理

每一个软件组织都意识到必须妥善处理软件中的缺陷，因为这关系到软件组织生存发展的根本。但遗憾的是，不是每一个软件组合都知道如何有效地管理自己软件中的缺陷。

缺陷既指程序中存在的错误，例如语法错误、拼写错误或者是一个正确的程序语句，也指可能出现在设计中，甚至在需求、规格说明或其他的文档中的种种错误。为了对缺陷进行管理，首先应对缺陷进行分类，通过对缺陷进行分类，可以迅速找出哪一类缺陷的问题最大，然后集中精力预防和排除这一类缺陷。而这正是缺陷管理的关键，一旦这几类缺陷得到控制，再进一步找到新的容易引起问题的几类缺陷。

缺陷管理的第一步是了解缺陷，为此，必须首先收集缺陷数据，然后才能了解这些缺陷，并且找出如何预防它们，同时也能领会到如何更好地发现、修复甚至预防仍在引入的缺陷。可以按照以下步骤收集关于缺陷的数据：

（1）为测试和同行评审中发现的每一个缺陷做一个记录。

（2）对每个缺陷要记录足够详细的信息，以便以后能更好地了解这个缺陷。

（3）分析这些数据以找出主要是哪些缺陷类型引起大部分的问题。

（4）设计出发现和修复这些缺陷的方法（缺陷排除）。

通常为了收集缺陷数据，可以采用缺陷记录日志来登记所发现的每一个缺陷。对于缺陷记录日志中的描述应该足够清楚，以便今后可以看出该缺陷的起因。修复缺陷一栏说明此缺陷是由于修复其他缺陷而引入的，引入阶级表示该缺陷的来源。

缺陷管理的一般步骤如下：

（1）确保所有的步骤都被记录。记录下所做的每一件事、每一个步骤、每一个停顿。无意间丢失一个步骤或者增加一个多余步骤，可能导致无法再现软件缺陷。在尝试运行测试用例时，可以利用录制工具确切地记录执行步骤。所有的目标是确保导致软件缺陷所需的全部细节是可见的。

（2）特定条件和时间。软件缺陷仅在特定时刻出现吗？软件缺陷在特定条件下产生吗？产生软件缺陷是网络忙吗？在较差和较好的硬件设备上运行测试用例会有不同的结果吗？

（3）压力和负荷、内存和数据溢出相关的边界条件。执行某个测试可能导致产生缺陷的数据被覆盖，而只有在试图使用数据时才会再现。在重启计算机后软件缺陷消失，当执行其他测试之后又出现这类软件缺陷，需要注意某些软件缺陷可能是在无意中产生的。

（4）考虑资源依赖性包括内存、软件和硬件共享的相互作用等。软件缺陷是否仅在运行其他软件并与其他硬件通信的“繁忙”系统上出现？软件缺陷可能最终证实跟硬件资源、网络资源有相互的作用，审视这些影响有利于分离和再现软件缺陷。

（5）不能忽视硬件。与软件不同，硬件按预定方式工作。板卡松动、内存条损坏或者 CPU 过热都可能导致像是软件缺陷的失败。设法在不同硬件下再现软件缺陷，在执行配置或者兼容性测试时特别重要。判定软件缺陷是在一个系统上还是在多个系统上产生。

开发人员有时可以根据相对简单的错误信息就能找出问题所在。因为开发人员熟悉代码，因此看到症状、测试用例步骤和分离问题的过程时，可能得到查找软件缺陷的线索。一个软件缺陷的分离和再现有时需要小组的共同努力。如果软件测试人员尽最大努力分离软件缺陷，也无法表达准确的再现步骤，那么仍然需要记录和报告软件缺陷。

为了有效地再现软件缺陷，除了按照软件缺陷的有效描述规则来描述软件缺陷，还要遵循软件缺陷分离和再现的方法，虽然有时少数几个缺陷很难再现、或者根本无法再现。

## 7.3 基于模糊 c－均值的等价类划分法

软件开发的最基本要求是按时、高质量地发布软件产品，而软件测试是软件质量保证的最重要的手段之一。它主要的功能是精选适量的测试用例，来揭示软件中的缺陷。高质量的测试用例能减少软件测试的工作量，有效降低软件测试的成本，从而加速开发进度。软件测试方法主要包括结构化测试和功能测试，目前很多软件测试工具可以提供基于不同功能标准的结构特性、目标路径和软件缺陷的数据集，并产生不同的测试结果，通常这些功能标准很难自动生成，都是人为提供的。等价类划分就是众所周知的一种最常用的功能测试，它通过选择适当的数据子集来代表整个数据集，即它将所有可能的输入数据（有效的或无效的）划分成若干个等价类，从每个等价类中选择一定的代表值进行测试，用相对较少的测试用例，覆盖更多的可能数据，以发现更多的软件缺陷。等价类划分法能很大程度上减少重复性，极大地提高测试效率，但等价类通常是测试员人为给出，受测试者的主观影响，所以对于经验不丰富的测试员如何定义等价类，并且在等价类如何选取适当的测试用例都是个难题。

目前，国内外学者对等价类划分法的研究主要集中于属性约简方法上，属性约简是在保持知识库分类能力不变的条件下，删除不相关或不重要的冗余属性。例如，葛浩等人提出了基于冲突域的属性约简方法；刘文军等人提出基于可辨别矩阵和逻辑运算的属性约简算法；Hu 等人根据 SKowron 可分辨矩阵提出的属性约简算法。这些属性约简方法普遍存在处理大数据集时效率不够理想，一些约简算法不完备等。

为了解决等价类划分存在人工完成的缺点，笔者提出了一种利用模糊聚类的方法进行功能测试，即随机生成的测试用例作为聚类样本，模糊聚类结果等同于对其进行自动的等价类划分，每个样本（测试用例）类别之间的隶属度权值越小，其代表的优先级越高，其测试用例越具有代表性。将该算法应用于三角形分类及冒泡排序中，实验结果验证了该方法的可行性和有效性。

### 7.3.1 算法描述

功能测试最常用的手段就是借助数据的输入输出来判断功能能否正常运行。实际测试中，穷举的黑盒测试通常是不现实的，因此只能选取少量有代表性的输入数据，以期用较少的测试代价揭示出较多的软件缺陷，这也是等价类划分法的基本思想。等价类划分法是功能测试中一种最重要、最基础的设计方法，将漫无边际的随机测试变为具有针对性的测试，不仅提高了测试效率，更减少了测试代价。

等价类是指某个输入域的一个特定的子集合，在该子集合中各个输入数据对于揭露程序中的错误都是等效的。也就是说，如果用这个等价类中的代表值作为测试用例未发现程序错误，那么该类中其他的测试用例也不会发现程序中的错误。在确定输入数据的等价类时，常要分析输出数据的等价类，以便根据输出数据的等价类导出对应的输入数据等价类。在实际等价类划分过程中，一般要经过分类和抽象。

分类：即将输入域按照具有相同特征或者类似功能进行分类。

抽象：即在各个子类中去抽象出相同特性并用实例来表征这个特性。

等价类划分法优点是基于相对较少的测试用例，就能够进行完整覆盖，很大程度上减少了重复性；缺点是缺乏特殊用例的考虑，同时需要深入的系统知识，才能选择有效的数据。在实际软件测试中，测试员都是人为定义等价类，所以等价类设计的好坏完全取决于测试员的经验和知识含量。

基于模糊 c－均值的功能测试的算法思想是对于每个程序随机自动产生500个测试用例输入集合和输出集合，将其作为模糊聚类的聚类数据进行聚类，聚类结果就等同于自动形成等价类，其中聚类结果中测试数据的隶属度权值比较接近的就是比较有代表性的等价类，对于测试用例的选择上优先级更高。经过这步处理，可以等同于自动产生等价类，并对隶属于同一等价类的测试用例给出优先级。调整聚类数目，观察聚类结果，将其与人工方法进行比较，实验表明该方法有一定的可行性。

基于 FCM 的功能测试算法描述如下：

初始化：给定聚类类别数 $c$，$2 \leqslant c \leqslant n$，$n$ 是数据个数，设定迭代停止阈值 $\varepsilon$，初始化聚类中心矩阵 $A^{(0)}$，设置迭代计数器 $b=0$，随机自动生成测试用例的输入集合和输出集合；

步骤一：用式（5-4）计算或更新隶属度矩阵 $U^{(b)}$；

步骤二：用式（5-2）更新聚类中心矩阵 $A^{(b+1)}$；

步骤三：如果 $\| A^{(b)} - A^{(b+1)} \| < \varepsilon$，则算法停止并输出隶属度矩阵 $U$ 和聚类中心 $A$，否则令 $b = b + 1$，转向步骤二。其中，$\| \cdot \|$ 为某种合适的矩阵范数。

步骤四：分析聚类结果，同一聚类等同于等价类，计算每个测试数据类别的 $u_{ij}$ 的差值，其值越接近的，其测试用例的优先级越高。例如：当聚类数目 $c = 5$，测试用例 11 的聚类结果为：0.0067、0.0091、0.9664、0.0059、0.0118，从聚类的隶属度权值可以看出，该测试用例聚类为第 3 类；测试用例 20 的聚类结果为：0.4335、0.0357、0.4301、0.0683、0.0325，该测试用例从结果上模糊认为应聚类为第 1 类，但它的隶属度权值和第 3 类相当接近，这样的测试用例就比较容易在隶属度权值比较接近的两类中错误聚类，这也说明这样的测试用例更具有代表性，其优先级更高。在实验中，隶属度权值在 0.5000 以上的聚类结果基本没有错误，而隶属度权值在 0.5000 以下，又有两个比较接近的隶属度权值（差值小于 0.01）的测试用例聚类错误率相当高。当然，聚类错误率与随机产生的测试样本和实验程序有关，根据隶属度权值之间的差值就可以给出测试样本的优先级，以便测试员很好选择更具有代表性的测试用例。

### 7.3.2 算法的实验验证

为了验证本文算法的有效性，以下给出了三角形程序和冒泡排序两组实验，并与人工方法进行比较。在本文提出的算法中，矩阵内积运算时采用 RBF 核函数 $K(x_i, x_j) = e^{\frac{\| x_i - x_j \|^2}{2\sigma^2}}$，并设定参数 $\sigma = 0.5$。算法的测试平台为 Windows XP，测试环境为 CPU T2130 1.86G，内存 1G 的笔记本电脑，FCM 用 Matlab 语言实现，三角形程序和冒泡程序用 C 语言实现。

（1）三角形程序的聚类实验。我们随机生成三角形程序的 500

个测试用例，表 7－8 给出了 500 个测试数据的人工的类别划分数目。

**表 7－8　500 个测试数据的人工分类数目**

| 等价类 | 三角形样式 | 测试个数 |
|---|---|---|
| 0 | 非三角形 | 84 |
| 1 | 等边三角形 | 39 |
| 2 | 等腰三角形 | 59 |
| 3 | 直角三角形 | 83 |
| 4 | 锐角三角形 | 102 |
| 5 | 钝角三角形 | 133 |
| 共计 | | 500 |

将其用 FCM 算法进行聚类，聚类类别数 $c$ 为 2 时，即分为非三角形和三角形；聚类类别数 $c$ 为 4 时，即分为非三角形、等腰三角形、等边三角形和其他三角形；聚类类别数 $c$ 为 6 时，即分为非三角形、等腰三角形、等边三角形、锐角三角形和钝角三角形，表 7－9 给出了实验结果分析。

**表 7－9　FCM 算法三角形聚类结果分析**

| 类别数 | 误分率/% | 误分数据/个 | 误分类别的隶属度差值<0.01/个 | 聚类时间/s |
|---|---|---|---|---|
| 2 | 2.4 | 12 | 12 | 9.093 |
| 4 | 16.4 | 82 | 74 | 11.234 |
| 6 | 30.6 | 153 | 109 | 51.281 |

由表 7－9 结果可以看出，我们提出的 FCM 算法在聚类数目为 2 时，误分率很低，其中误分类别的测试用例的隶属度都非常接近，有的差值<0.001，100% 的误分类别的隶属度差值<0.01；而误分率较高的聚类数目为 6，其错误主要集中在锐角三角形和钝角三角形的区分上，由于这两种三角形比较相似，即使对于测试员来说也具有一定的难度，实验结果多数将这两种类别错误分类，其误分类别的隶属度差值<0.01 的测试个数也占所有错分数据的 71.24%，经

过聚类后，通过隶属度的差值就可以获得测试用例的优先级，对于测试员选取等价类提供了非常好的参考，相对于人工选取等价类完全依靠个人经验，在选取时间和代表性上都更具优势。

（2）冒泡排序程序的聚类实验。我们随机生成冒泡排序程序的500个测试用例，共分成4类，每一类的测试数目分别为120、138、116、126。将其用FCM算法进行聚类，聚类类别数 $c$ 为4，其误分率为4.2%，误分个数为21个，主要集中在将类别1的测试数据误分为类别2，其中误分类别的隶属度差值 $<0.01$ 的测试数据数为19个。冒泡排序程序相对简单，但对于测试员如何选取具有代表性的等价类测试用例也是个难题，该方法很好地将500个测试用例聚类，并通过隶属度差值提供了优先级次序，为测试员后续的选取测试用例提供了有效的帮助。

通过实验我们可以看出FCM聚类方法对于测试用例的聚类结果可以等同于等价类划分方法是可行的，误分率是在可以接受的范围并且通过FCM可以获得测试数据对每个类别的隶属度值，其值越接近的类别误分率越高，这也就对等价类中的测试用例给出了优先级序列，对于软件测试的测试用例的选取起到了很大意义。

## 7.4 本章小结

软件测试是软件质量保证的关键步骤。软件测试研究的结果表明：软件中存在的问题发现越早，其软件开发费用就越低；在编码后修改软件缺陷的成本是编码前的10倍，在产品交付后修改软件缺陷的成本是交付前的10倍；软件质量越高，软件发布后的维护费用越低。因此，软件测试一直是国内外专家研究的热点，目前，国内外学者热衷于将数据挖掘中的聚类算法应用于软件测试的各个阶段，发表了大量的有关论文。

本文提出了一种基于模糊c－均值的功能测试方法，将经典的FCM算法用于等价类划分方法中，利用随机生成的测试用例作为模糊聚类的样本集，聚类结果等同于功能测试中的等价类，很好地解决了等价类划分通常由测试员人工完成，受主观因素的影响。每个样本的隶属度权值差值越小，也代表该样本误分率增加，相应地这也代表了测试用例的优先级，即隶属度权值差值越小的其优先级越大，更具有代表性。但该方法在处理较复杂的聚类时，误分率会增加，并且也存在隶属度差值较大但误分的情况，聚类结果是否可以再用分类方法处理，从而来进行回归测试，这些方面还有待进一步研究。

将模糊聚类算法应用于软件缺陷的研究是笔者未来的研究方向，希望在这方面有所收获。

## 参考文献

[1] Chen M, Han J, Yu P S. An overview from a database perspective [J]. IEEE Transactions on Knowledge and Data Engineering, 1996, 8 (6): 866~883.

[2] 梁循. 数据挖掘算法与应用 [M]. 北京: 北京大学出版社, 2006.

[3] 毛国君, 段立娟, 王实, 等. 数据挖掘原理与算法（第2版）[M]. 北京: 清华大学出版社, 2007.

[4] 于剑, 程乾生. 关于聚类有效性函数 $FP(u, c)$ 的研究 [J]. 电子学报, 2001, 29 (7): 1~4.

[5] 杨德刚. 基于模糊 c 均值聚类的网络入侵检测算法 [J]. 计算机科学, 2005, 32 (1): 86~88.

[6] 刘燕, 姜建国. 模糊聚类在入侵检测中的应用 [J]. 人工智能及识别技术, 2006 (32): 195~200.

[7] Pang - Ning Tan, Michael Steinbach, Vipin Kumar. 数据挖掘导论 [M]. 范明, 范宏建, 等译. 北京: 人民邮电出版社, 2006.

[8] 胡宝清. 模糊理论基础 [M]. 武汉: 武汉大学出版社, 2006.

[9] 高新波. 模糊聚类分析及其应用 [M]. 西安: 西安电子科技大学出版社, 2004.

[10] 谢季坚, 刘承平. 模糊数学方法及其应用（第四版）[M]. 武汉: 华中科技大学出版社, 2013.

[11] Bezdek J C. Pattern Recognition with Fuzzy Objective Function Algotighm [J]. Plenum Press, NewYork, 1981.

[12] 朱惠倩. 聚类分析的一种改进方法 [J]. 湖南文理学院学报（自然科学版）, 2005 (3): 7~16.

[13] Peter J D, Peter E. A study of parameter values for a Mahalanobis Distance fuzzy classifier [J]. Elsevier Fuzzy Sets and Systems, 137 (2003): 191~213.

[14] 汪西莉, 焦李成. 一种基于马氏距离的支持向量快速提取算法 [J]. 西安电子科技大学学报, 2004, 31 (4): 639~643.

[15] 蔡静颖, 谢福鼎, 张永. 基于自适应马氏距离的模糊 c 均值算法 [J]. 计算机工程与应用, 2010, 46 (34): 174~176.

[16] 蔡静颖, 谢福鼎, 张永. 基于马氏距离特征加权的模糊聚类新算法[J]. 计算机工程与应用, 2012, 48 (5): 198~200.

[17] 蔡静颖，张永．基于马氏距离的模糊 c 均值增量学习算法［J］．牡丹江师范学院学报（自然科学版），2011（1）：1～3.
[18] 蔡静颖，张永，张凤梅，等．基于 KPCA 特征提取的 FCM 算法［J］．计算机工程与应用，2009，45（32）：38～40.
[19] 朱少民．软件测试方法和技术（第 2 版）［M］．北京：清华大学出版社，2013.